MANUEL LARBIG

MEIN WILDKRÄUTER-GUIDE

Von Rauke, Rapunzel und anderen schmackhaften Entdeckungen am Wegesrand

PENGUIN VERLAG

Die Empfehlungen in diesem Buch sind vom Autor und dem Verlag sorgfältig geprüft. Sie bieten keinen Ersatz für kompetenten medizinischen Rat. Jeder Leser und jede Leserin ist für sein eigenes Handeln selbst verantwortlich. Alle Angaben in diesem Buch erfolgen ohne jegliche Gewährleistung oder Garantie seitens des Autors und des Verlags. Eine Haftung des Autors beziehungsweise des Verlags und seiner Beauftragten für Personen-, Sach- und Vermögensschäden ist ausgeschlossen.

2. Auflage

in der Penguin Random House Verlagsgruppe GmbH,
Neumarkter Straße 28, 81673 München
Umschlag: Hafen Werbeagentur
Umschlagmotiv: Benjamin Zibner
Redaktion: Regina Carstensen
Satz: Uhl + Massopust, Aalen
Druck und Bindung: PB Tisk, a.s., Pribram
Printed in Czech Republic
ISBN 978-3-328-10700-2
www.penguin-verlag.de

Dieses Buch ist auch als E-Book erhältlich.

Inhalt

Einleitung

»Wildkräuterwanderungen in der Stadt? Junge, veranstaltest du auch Tauchkurse in der Lüneburger Heide?« Dieser nicht ganz ernst gemeinte Kommentar meines Sitznachbarn während eines Weiterbildungsseminars hat mich sehr belustigt. Die Frage ist durchaus berechtigt: Wachsen überhaupt Wildkräuter in der Stadt? Und ergibt es denn Sinn, sich mit der Flora eines scheinbar naturfernen Lebensraums wie der Großstadt und ihrer Umgebung zu beschäftigen? In einer Überflussgesellschaft, in der wir durch die großen Supermarktketten ganzjährig fast alle erdenklichen Lebensmittel konsumieren können, scheint es heutzutage überholt und überflüssig zu sein, Wildpflanzen zu sammeln. Doch ist dem wirklich so?

Ich kann auf beide oben gestellten Fragen mit Ja antworten. Ja, Wildkräuter sind auch in urbanen Zentren zu finden. Und ja, die Beschäftigung mit Wildkräutern kann uns auf vielen Ebenen nutzen: Zum einen kann uns das Sammeln der Kräuter dabei helfen, unser modernes und oft hektisches Leben zu entschleunigen. Zum anderen fügen sich Wildkräuter gut in den Trend hin zu einem nachhaltigeren und bewussteren Leben ein – schließlich sind sie nicht nur saisonal und regional, sondern zudem Bio, Fairtrade (da selbst gesammelt), oft sehr gesund und noch dazu völlig kostenlos.

Egal ob in der *Apotheken Umschau,* in den Kochrezepten von Zeitschriften, in Großstadt-Szene-Blogs oder Tageszeitungen – überall werden Wildkräutern wahre Wunderwirkungen zugesprochen. Das Problem an einem Ernährungshype ist allerdings leider, dass das übertriebene Aufbauschen eines Themas in der Regel dazu führt, dass die wirklich guten Eigenschaften im Nachhinein wieder in Vergessenheit geraten. Daher ist es mir wichtig, mich in diesem Buch so objektiv wie möglich mit Wildkräutern auseinanderzusetzen und etwas Klarheit in diese unübersichtliche Informationslage zu bringen. Meine gar nicht so gewagte These: Wildkräuter sind kein Superfood, aber super sind sie trotzdem.

Und wer glaubt, Metropolen sind per se naturferne Räume, hat weit gefehlt. Tatsächlich weisen viele Städte eine größere Artenvielfalt auf als manch ländliches Gebiet, das von Monokultur-Äckern und -Forsten bestimmt wird. Viele Großstädter anderer Länder beneiden uns um unsere grünen Städte, man vergleiche dahingehend nur mal die Grünflächen unserer Hauptstadt mit denen von Paris.

Im Raum Berlin und Brandenburg biete ich Wildkräuterworkshops, -ausbildungen und -wanderungen an, bei denen ich den Menschen unsere vielfältige und spannende heimische Pflanzenwelt näherbringe. Dabei konnte ich nicht nur einen Überblick darüber gewinnen, welche Themen besonders spannend und interessant sind, sondern auch, was die Teilnehmer bis dahin davon abhielt, Wildpflanzen zu sammeln oder sich ausführlicher mit ihnen zu beschäftigen.

Mit diesem Buch möchte ich euch ermutigen, sich der botanischen Welt zu öffnen, die uns immer und überall umgibt, und ein Auge dafür zu entwickeln. Kommt mit mir auf eine im wahrsten Sinn des Wortes buchstäbliche Kräuterwanderung, auf der es viel zu entdecken gibt.

1

Warum Wildkräuter sammeln?

Was motiviert Menschen dazu, sich mit Wildkräutern zu beschäftigen? Diese Frage interessiert mich seit meinem ersten Wildkräuterkurs, den ich 2016 – höchst aufgeregt und mit weichen Knien – gegeben habe. Deshalb frage ich zu Beginn jedes Kurses nach der Motivation der Teilnehmer und Teilnehmerinnen. Und nach nun fast 500 Kräuterwanderungen habe ich einen recht guten Überblick. Zwei Gründe werden besonders oft genannt: den positiven Einfluss auf den Körper durch wertvolle Inhaltsstoffe und eine gewisse Entschleunigung, die wir durch die Beschäftigung mit Wildpflanzen erfahren können.

Die Stadt und ihre Umgebung als Naturraum

Abb. 1: Städtische Umgebungen können artenreicher sein, als man gemeinhin annimmt.

Ich blicke in die Runde und sehe lauter überraschte Gesichter. »Wow, das ist wirklich krass. Ich meine, wir sind hier – keine Ahnung – vielleicht hundert Meter gelaufen, und wenn man genau hinsieht, wächst ja überall was!« Tom ist einer von zehn Teilnehmenden des von mir geleiteten Themen-Kräuterspazierganges »Urbane Wildnis«, der einmal im Monat jeweils in einem anderen Kiez in Berlin stattfindet. Dabei gehen wir ganz bewusst nicht in Parks und Stadtwälder, sondern laufen Einkaufsmeilen, Fressgassen und Parkplätze ab. Das macht immer großen Spaß, denn das Erstaunen ist jeweils groß. Es gibt an diesen Orten nämlich eine Menge zu entdecken, wenn man genau hinsieht.

»Städte sind naturferne, künstliche Lebensräume. Wer echte Natur möchte, muss dafür weit rausfahren.« Diese weitverbreitete Meinung beruht meist auf der Einteilung eines Raumes in »Natur« und »menschlich geprägt«. Wer lediglich vom Menschen unbeeinflusste Naturräume als echte Natur definiert, hat ein Problem. Denn dann existiert in Deutschland überhaupt keine Natur. Dann findet man sogar auf 99 Prozent der Fläche Europas keine Natur. Bei globaler Betrachtung müsste man dann in bestimmte Nationalparks und Schutzgebiete reisen, doch letztlich sind das winzige Flächen.

Urbane Lebensräume sind – selbst wenn es die extreme Versiegelung städtischer Böden und der Anblick grauer Betonmonster manchmal nicht erahnen lassen – relativ artenreich. Nicht nur wärmeliebende Pflanzen, Insekten und einige Vogelarten fühlen sich hier wohl, auch sind Hausgärten und Parks in Großstädten oft »wilder« und blumenbunter als die heutzutage meist »sauberen« und totgepflegten Vorstädte und Dörfer, in denen der Rasenmäher zum permanenten Hintergrundgeräusch gehört.

Die *Berliner Morgenpost* hat vor ein paar Jahren ein Projekt ins Leben gerufen, bei dem Satellitenbilder ausgewertet wurden, um den Anteil an begrünten Flächen in unseren Großstädten zu berechnen. Durch die Draufsicht hat man so einen interessanten Blickwinkel, und bei der Berechnung flossen nicht nur die Flächen von Parks, Stadtwäldern und Feldern mit ein, sondern ebenso Dachbegrünungen und Hausgärten:

Großstadt	**Prozentualer Anteil an Grünfläche**
Hamburg	71,4
Dortmund	70,7
Stuttgart	69,9
Dresden	69,4
Bremen	68,2
Essen	68
Hannover	65,2
Berlin	59
Köln	58,4
Frankfurt am Main	58,2
Düsseldorf	56,7
München	49,9
Nürnberg	47,9
Leipzig	42,4

Bei spontanen Kräuterführungen muss ich in den allermeisten Fällen nicht vorher anreisen, um die Umgebung auf ihre botanische Vielfalt zu prüfen. Noch nie bin ich eine Straße in einer Stadt entlanggelaufen, ohne eine mehr oder weniger interessante Pflanze zu finden. Da gedeiht ein Herbst-Schuppenlöwenzahn (*Scorzoneroides autumnalis*) prächtig in der Asphaltritze, hier lugt ein Zimbelkraut (*Cymbalaria muralis*) aus einem Mauerspalt hervor und dort steht ein Kompass-Lattich (*Lactuca serriola*) an den Pfeilern einer Bushaltestelle. Überall, wirklich überall, lassen sich Wildkräuter finden. Ob man diese auch an jeder Stelle sammeln und später verwerten möchte, ist etwas anderes.

Natürlich sind Großstädte nicht so artenreich wie in der Natur vorkommende Trockenrasen oder Auwälder. Wenn ich also von einem »besonderen« Standort spreche, so liegt darin erst einmal keine Wertung. Gemeint ist, dass in Großstädten Bedingungen herrschen, die in der Natur so nicht gegeben und einmalig sind.

Dass es in Städten durchaus etwas zu entdecken gibt, zeigt sich schon daran, dass es einen Zweig in der Biologie gibt, der sich damit beschäftigt – Stadtökologie. Doch was macht die Stadt als Ökosystem so besonders?

Um ein Ökosystem zu charakterisieren, kann man sich, stark vereinfacht, drei Faktoren ansehen: Klima, Boden und Relief. Das urbane Klima ist im Vergleich zum Umland ein anderes, was vor allem der Bebauung geschuldet ist, denn Beton speichert die Wärme und gibt sie langsam ab. Speziell in der Nacht ist dieser Effekt auffällig. Stellenweise ist das Klima überhaupt von sehr hohen Temperaturen geprägt. Dann ist die Windgeschwindigkeit in der Stadt geringer; die Luft hat eine andere Zusammensetzung und es gibt mehr Niederschläge als im direkten Umland. Wo eine Pflanze wächst und wo nicht, wird vor allem durch den Boden bestimmt. Ein sandiger Boden trocknet schnell aus, und ein lehmiger Boden kann manchen Pflanzen mit Staunässe zu schaffen machen. Das Relief einer Großstadt ist durch die unterschiedliche Bebauung wiederum sehr abwechslungsreich und kleinteilig. Der Boden in Städten ist oft auch stark verdichtet, sauerstoffärmer und trockener. Außerdem sind viele Flächen »versiegelt«, und durch exzessives Salzstreuen im Winter ist in urbanen Böden der Salzgehalt meist sehr hoch. Was die Großstadt aber aus ökologischer Sicht letztlich interessant macht, sind die vielen abwechslungsreichen Mini-Ökosysteme. Da ist der Balkonkasten im achten Stock, der den ganzen Tag Sonne abbekommt, die streusalzreiche Ecke im Hinterhof, die Dachbegrünung der Kita.

Das Ganze soll hier nun kein Plädoyer für einen Aufenthalt in der Großstadt ohne Ausflüge ins Umland sein. Auch möchte ich nichts romantisieren, denn die Artenvielfalt selbst in den Städten sinkt stetig (doch mehr dazu im Kapitel 8). Mir ist jedoch wichtig, aufzuzeigen, dass man sogar in der Großstadt und in ihrer näheren Umgebung eine interessante Botanik vorfinden kann und nicht jedes Mal weit rausfahren muss, um sie zu erleben.

Es macht Spaß, sich mit Wildkräutern zu beschäftigen

Dass es gerade der urbanisierten Seele guttut, wenn ihr Träger raus in die Natur geht, ist kein Geheimnis. Der Aufenthalt in der Natur spricht alle Sinne an und wir können vom Alltagsstress aufatmen. Probleme im Büro oder zwischenmenschliche Schwierigkeiten sind während eines Spaziergangs im Grünen oft wie weggeblasen. Dessen sind sich die allermeisten bewusst. Noch nie habe ich jemanden sagen hören: »Ich bereue es, meinen Hintern hochbekommen zu haben! Ach, wäre ich doch lieber daheimgeblieben und hätte eine Netflix-Serie geschaut, als diesen Spaziergang gemacht zu haben.« Die Schwierigkeit liegt, glaube ich, für viele eher darin, sich zu motivieren, es einfach zu tun. Beschäftigt man sich mit Wildkräutern, hat man noch einen weiteren Grund, sich Zeit fürs Rausgehen zu nehmen.

Ich bin ein großer Fan von Vera Birkenbihl, leider starb diese faszinierende Kommunikationstrainerin schon 2011.

Abb. 2: Sich mit Wildpflanzen zu beschäftigen macht Spaß und tut gut.

Ich liebe ihre nüchtern-sachliche Art, gepaart mit einem wunderbaren Sarkasmus und einer gewissen Derbheit. Als Asperger-Autistin hatte sie einen ganz anderen Zugang zu zwischenmenschlicher Kommunikation und zu Lernmethoden. Sie propagierte immer wieder ein lebenslanges Lernen und ermutigte die Menschen, sich geistig bis zum Schluss zu fordern und zu fördern. Ich bin sicher, Vera Birkenbihl hätte eine Beschäftigung mit Wildkräutern gutgeheißen, schließlich werden dabei die kognitiven Fähigkeiten immens gefordert. Und das mithilfe all unserer Sinne – Sehen, Tasten, Riechen, Schmecken und und sogar Hören (Hast du schon mal einen Klappertopf klappern hören?).

In Deutschland wachsen zwischen 3000 und 4000 verschiedenen Samenpflanzenarten, und es geht nicht darum, sie alle zu kennen. Man würde Tausende Pflanzen auf Grundlage eines wissenschaftlichen Systems lernen, das stets im Wandel ist. Viel wichtiger ist: Gemeinsamkeiten und Unterschiede zu entdecken. Gerade diese »Transferleistungen« trainieren unser Gehirn viel mehr als stupides Auswendiglernen. Gleichzeitig ist eine grundlegende Artenkenntnis sehr hilfreich, und deren Ausbau kann auch bereichernd sein, nur sollte man sich nicht nur darauf fokussieren.

Es ist ein tolles Gefühl, eine unbekannte Pflanze von Nahem zu betrachten und Gemeinsamkeiten zu einer bereits bekannten Art zu entdecken. Wenn aus einem »Moment mal, die erinnert mich an diese und jene Pflanze« ein »Wow, die ist ja ganz nah verwandt mit der Art, an die sie mich erinnert« wird, ist das ein Glücksmoment. Eine Vermutung wird zur Gewissheit, man ist stolz, und das Botanik-Selbstbewusstsein erhält einen gewaltigen Schub. Natürlich liegt man hin und wieder völlig daneben oder ist leicht verzweifelt, weil man keine Ahnung hat, was für eine Pflanze man da vor sich hat und der komplizierte Bestimmungsschlüssel die eigene Verwirrung nur noch verstärkt. Doch wenn man an den Punkt kommt, zu akzeptieren, dass man nicht immer zur Lösung gelangen muss (und zum Teil gar nicht vermag), dann kann man sich den Kräutern noch viel entspannter und mit mehr Freude widmen.

Also: Vergiss Gehirnjogging-Apps, beschäftige dich besser mit einer bunten und vielfältigen Welt, die dir bis dahin im Verborgenen blieb, dich aber immer und überall umgibt: die Welt der Wildpflanzen.

Die E-Mail eines Kursteilnehmers freute mich sehr. Er habe, so schrieb er mir, seit einigen Jahren einen jener Konzept-Gemüseacker in Berlin gepachtet, auf denen man bereits eingesäte oder eingepflanzte Kulturen pflegt und erntet. Vor allem der Spinat habe nie so recht gedeihen wollen, dauerhaft sei er mit Schädlingen befallen gewesen. Und, als wäre das nicht schon genug, hätten ihm die Unkräuter – allen voran der lästige Weiße Gänsefuß (*Chenopodium album*) – das Leben zur Hölle gemacht. Nun wolle er sich bedanken, durch die Wildkräuterausbildung mit dem damit verbundenen Wissenszuwachs sei für ihn eine andere Sicht auf die Dinge möglich geworden. Alle Unkräuter seien wie weggezaubert, ein Wunder! Stattdessen würde er überall interessante Wildkräuter sehen. Und das mit dem Spinat hätte sich nun auch erledigt, fuhr er fort. Seitdem er nun wisse, dass der Weiße Gänsefuß, sein ehemaliger Erzfeind, ein toller Spinatersatz und mit diesem ja sogar nah verwandt sei, hätte er den Spinat gänzlich gestrichen. Vielmehr fördere er nun den Gänsefuß, dieser müsste kaum gegossen werden, sei sehr resistent gegenüber den Schädlingen und schmecke ganz wunderbar.

Die Beschäftigung mit unserer Natur kann einiges leisten. Die Wahrnehmung verändert sich, man geht wacher durch die Welt. Das Greiskraut (*Senecio vulgaris*) hinter der Bushaltestelle, an der man jeden Morgen steht, fällt einem auf einmal ebenso auf wie die zierliche Acker-Schmalwand (*Arabidopsis thaliana*) im Blumenkübel mit den Geranien. Man schärft seine Sinne für Details, und das springt zum Teil auf andere Dinge über, die nichts mit Wildkräutern zu tun haben.

Neben all diesen Argumenten gibt es für mich vor allem eine wichtige Triebfeder, die mich immer weiter mit Wildkräutern beschäftigen lässt: Es macht riesigen Spaß! Das Finden von Pflanzenarten triggert bei mir wahrscheinlich einen ähnlichen Bereich des Belohnungszentrums im Gehirn, der bei anderen beim Sammeln von Fußballbildern, Briefmarken oder dem Fangen von Pokémon angesprochen wird. Nur dass – nichts gegen Briefmarkensammler – Wildpflanzen zusätzlich viele Anwendungsmöglichkeiten bieten.

2

Gesunde Wildlinge

»Stimmt es eigentlich, dass Wildkräuter gesünder sind als das Gemüse aus dem Supermarkt?«, fragt mich Tanja, als ich mich gerade hinknie und allen Teilnehmern der Wildkräuterwanderung einen Wiesen-Bocksbart (*Tragopogon pratensis*) zeigen möchte. Ich stehe wieder auf und halte einen Moment inne. »Das kommt darauf an«, sage ich langsam und überlege währenddessen, inwieweit es die Zeit zulässt, weit auszuholen. Ich entscheide mich für die kurze Variante: »Prinzipiell schon, es gibt viele Wildkräuter, die Kulturgemüsesorten um Längen schlagen, was die Inhaltsstoffe angeht. Aber es kommt ebenso darauf an, wo die Wildkräuter gesammelt werden.«

Ich bin kein Freund von pauschalen Aussagen – auch wenn viele Wildkräuter sehr gesund sind, würde ich den Satz »Wildkräuter sind gesünder als Zuchtgemüse« so nicht unterschreiben. Absolute Aussagen lassen sich zumeist mit der einen oder anderen Ausnahme aushebeln.

Möchte man einen tiefergehenden Vergleich von Supermarktgemüse und Pflanzen aus der Natur wagen, sollte man zuerst die Begriffe »Kulturpflanzen« und »Wildkräuter« definieren. Zuerst einmal lassen sich alle vom Menschen genutzten Pflanzen als Nutzpflanzen bezeichnen, dazu gehören sowohl wilde als auch kultivierte Arten. Kulturpflanzen sind jene, die vom Menschen zum Zwecke der Ernährung angebaut und geerntet werden. Wildkräuter hingegen wachsen, wie der Name schon sagt, »wild«, werden also nicht ausgesät, angepflanzt und versorgt. Es gibt durchaus Arten, die ursprünglich angebaut wurden und sich dann selbstständig vermehrt und ausgebreitet haben und nun ohne menschliche Hilfe wachsen, etwa Echter Buchweizen (*Fagopyrum esculentum*). Diese Kräuter bezeichne ich im Folgenden ebenfalls als Wildkräuter, obwohl sie ursprünglich als Kulturgemüse ausgebracht wurden.

Inhaltsstoffe – ein Vergleich

»Wildkräuter sind kein Superfood!«

Absolute Stille. Die Menschen in der kleinen Halle, in der ich meinen Vortrag halte, schauen mich erstaunt an.

Damit hatten sie wohl nicht gerechnet. Schließlich wurde im Untertitel des Vortrags erwähnt, dass Wildkräuter gesund sind und man hört ja überall davon.

»Tatsächlich bin ich der festen Überzeugung, dass es gar keine Superfoods gibt. Meiner Meinung nach ist dieser Begriff ein Produkt findiger Marketingstrategen, die dafür bezahlt werden, Emotionen und Gelüste zu erzeugen, um Verkaufszahlen zu steigern. Wildkräuter sind kein Superfood. Aber trotzdem super.«

Doch wie sieht das konkret aus: Stecken Wildkräuter nun voller wertvoller Inhaltsstoffe oder ist auch diese Aussage nur Folge eines aufgeblasenen Hypes? Ist sie eine schamlose Übertreibung?

Superfood
Der Begriff »Superfood« soll dem Konsumenten vermitteln, dass es sich dabei um ein Lebensmittel handelt, welches eine herausragende positive Wirkung auf seine Gesundheit mit sich bringt. Dass es in den meisten Fällen keine Belege dafür gibt, scheint Verkäufer und Kunden gleichermaßen wenig zu interessieren.

Das Problem an vielen im Internet kursierenden Nährwerttabellen ist, dass sie allein dem Zwecke dienen, dem Leser ein »Oha!« zu entlocken und mit der entsprechenden Überschrift fast schon das Niveau der meistverkauften deutschen Tageszeitung erreichen. Aus vielerlei Gründen bin ich kein Freund von solchen Tabellen und vorschnellen Schlussfolgerungen. Der erste Punkt ist die Vergleichbarkeit der Werte. Meiner Meinung nach schadet es der Glaubwürdigkeit, Äpfel mit Birnen zu vergleichen. In dem Fall der kursierenden Tabellen vergleicht man sogar eher Äpfel mit Mettwurst. Es ergibt keinen Sinn, Zuchtpflanzensorten mit niedrigen Kaliumwerten mit nicht verwandten Wildkräuter-Arten gegeneinander abzuwägen, die in diesem Punkt einen hohen Wert aufweisen.

Ein Beispiel: Es ist schlichtweg nicht fair, in puncto Kalium den Kopfsalat (220 mg) gegen den weißen Gänsefuß (900 mg) antreten zu lassen. Kontrastiert man hingegen Gänsefuß mit Spinat (630 mg), erkennt man weiterhin, dass Ersterer mehr Kalium enthält. Hier eine Parallele zu setzen ergibt aber durchaus mehr Sinn, da diese beiden Pflanzen relativ nah verwandt sind und Gänsefuß auch als »Wildspinat« bekannt ist.

Was die Vergleichbarkeit aber oft schwierig gestaltet, ist die Anbaumethode der Zuchtpflanzen; sie hat zum Teil einen Einfluss auf die Inhaltsstoffe. Ökologisch erzeugte Lebensmittel sind also ernährungsphysiologisch oftmals wertvoller als konventionell hergestellte Produkte. Ein weiteres Problem besteht darin, dass Pflanzen je nach Standort unterschiedliche Mengen von (Mikro-)Nährstoffen einlagern. Und das ist nicht der einzige Einflussfaktor: Genotyp (genetische »Ausstattung«), Klima, Zeitpunkt des Sammelns im Jahresverlauf, Lichtverhältnisse, Boden oder sogar Schädigungen durch Fressfeinde können zu ganz unterschiedlichen Werten führen.

Auch kommt es auf Analysemethode und Interpretation an. Das bekannteste Beispiel liefert hier – mal wieder – der Spinat. 1890 analysierte der Physiologe Gustav von Bunge seinen Eisengehalt und fand vor: 35 mg pro 100 g Ausgangsmaterial. Später übersah man bei der Erstellung von Nährwerttabellen, dass Bunge mit getrocknetem Spinat gearbeitet hatte und die Werte aller anderen untersuchten Lebensmittel auf frischen Produkten basierten. Er hatte sich also nicht – wie oft behauptet – einen Kommastellen-Patzer geleistet, sondern seine Angaben wurden falsch interpretiert und eingeordnet. Die Annahme, Spinat habe unglaublich hohe Eisenwerte, war dafür verantwortlich, dass Kinder jahrzehntelang mit diesem Grün gemartert wurden. Nicht zu vergessen die Comicfigur Popeye, jener Spinat vertilgende Seemann mit übernatürlichen Kräften.

Überhaupt: Ein Wert sagt per se noch nicht viel aus, entscheidend ist auch die Verwertbarkeit des jeweiligen Inhaltsstoffs. Beim Eisen etwa wird das als Häm-Eisen vorliegende

Metall im Fleisch viermal besser von uns Menschen aufgenommen als das Nicht-Häm-Eisen aus Pflanzen. Doch selbst innerhalb der Pflanzenwelt kann es erhebliche Unterschiede in der Verwertbarkeit geben, da andere Inhaltsstoffe die Aufnahmefähigkeit im Körper beeinflussen können. So führt die im Spinat enthaltene Oxalsäure dazu, dass sein Eisen nicht so wertig ist wie das von Pflanzen, die wenig oder keine Oxalsäure ausweisen. Zudem werden viele Werte oft mit unterschiedlichen Methoden gemessen, sodass selbst in der Forschung unterschiedliche Interpretationen existieren.

Ein weiterer Grund, weshalb viele im Netz kursierenden Wildkräutertabellen zu hinterfragen sind: Fast ausnahmslos alle deutschsprachigen Webseiten, auf denen Tabellen mit »Wildkräuter vs. Gemüse« zu finden sind, beziehen sich auf eine einzige Quelle. Diese ist ein kleines Faltblatt aus dem Jahr 1982 mit dem Titel »Wildgemüse« (Nr. 1182), herausgegeben vom aid infodienst in Bonn. Auf Nachfrage beim Bundeszentrum für Ernährung (BZfE), einer Nachfolgeinstitution des aid infodiensts, wurde mir mitgeteilt, dass es seit 1982 keine Neuauflage des Faltblättchens mehr gab, die dort aufgelisteten Angaben als »betagt« einzustufen sind und heutzutage nicht mehr als Quelle herangezogen werden sollten.

aid infodienst
Der aid infodienst (Land- und Hauswirtschaftlicher Auswertungs und Informationsdienst) existierte von 1950 bis 2016. Er bereitete Forschungsergebnisse aus den Bereichen Ernährung, Umwelt und Landwirtschaft auf und stellte sie meist kostenlos Verbrauchern, Landwirten, Journalisten sowie Lehrern zur Verfügung.

Eigentlich war ich auf der Suche nach seriösen Quellen

gewesen, um meine These, dass Wildkräuter gesund seien, zu untermauern. Das hatte ich nun davon – alles, was ich zunächst vorgefunden hatte, war ein unseriöser Umgang mit Quellen und Daten. In den folgenden Wochen unterhielt ich mich mit diversen Experten, wurde in Universitäten vorstellig, telefonierte mit Lebensmittelchemikern, durchforstete alle möglichen Datenbanken nach Studien über Inhaltsstoffe von Wildkräutern und versank in Spezialliteratur. Das Ergebnis war nicht wirklich zufriedenstellend: Es gibt nicht besonders viele aktuelle Untersuchungen dazu. Nach einiger Zeit fand ich dann aber doch Angaben, die auf einer Datenerhebung nach wissenschaftlichen Standards beruhen – und

Nährwerte von Wildkräutern im Vergleich zu Kultursorten

Name	Kcal	Wasser (g)	Protein (g)	Kohlenhydrate (g)	Ballaststoffe (g)	K (mg)	Mg (mg)
Wildkräuter							
Ampfer, Krauser *Rumex crispus*	25	90	1,8–4,57				34
Barbarakraut *Barbarea vulg.*	21	82	5,1				33
Bärlauch *Allium ursinum*	16	89	2	2,9	2,18		22
Birke, Hänge- (Blätter) *Betula pendula*			4,7				
Bocksbart, Wiesen- *Tragopodon pratensis*	24	86,7	2,8	1,3	3,8		32
Borretsch *Borago officinalis*	21–44	93	1,2			214–550	8–52

zwar in einigen Studien zu den Inhaltsstoffen ausgewählter Wildpflanzenarten.

In der folgenden, von mir angelegten »Großen Wildkräuter-Nährwerttabelle« wird zum Teil eine große Spanne von Werten abgebildet. Diese sollen besagen, dass in unterschiedlichen Studien unterschiedliche Werte gemessen wurden. Hier einen Mittelwert zu bilden, wäre statistisch schlichtweg falsch, also belassen wir es bei einer Spanne. Wasser Protein Kohlenhydrate und Ballaststoffe sind in Gramm angegeben, die restlichen Werte in Milligramm. Sie beziehen sich auf 100 g Frischmasse des Ausgangsmaterials.

Mn (mg)	Ca (mg)	Fe (mg)	P (mg)	Cu (mg)	Zn (mg)	Nitrat (mg)	Vitamin C (mg)	B6 (mg)	Carotin (mg)
	76	4,9	54		0,43		25–123–159		6,3
	156	2,3	81				130–314		
0,32	76	2,9	50	0,08	0,27		45–150		
							137		3,7
	122	2	56			62	146		
0,35–1,6	93–344	2,8–3,3	53	0,05–0,13	0,2–0,35	69,2	35	0,084	

Name	Kcal	Wasser (g)	Protein (g)	Kohlen-hydrate (g)	Ballast-stoffe (g)	K (mg)	Mg (mg)
Brennnessel, Große *Urtica dioica*	45	83	5,8–7,37	1,3	3,1	334	80
Brunnenkresse *Nasturtium off*	20–33	88	1,6–4,8	2	0,3–1,4	276	26–34
Franzosenkraut, Behaartes *Galinsoga ciliata*	19	88	3,3	1,5			64
Fuchsschwanz, Aufsteigender *Amaranthus blitum*		90–93	3,5		2,6		130
Gänsedistel, Kohl- *Sonchus oleraceus*	27	88,7	2,3	3,3	3,9	507	31
Gänsefuß, Weißer *Chenopodium album*	43	84	1–5,0		5	855–1286	76–117
Giersch *Aegopodium podagraria*	39	82	1–8,4	0,5		540	35
Glockenblume, Rapunzel- *Campanula rapunculus*			3				
Gundermann *Glechoma hederacea*	26	83	6,1	0,6–3,5			57
Heinrich, Guter *Chenopodium bonus-henricus*	38	82	6,5	1,9			51
Hirtentäschelkraut *Capsella bursa-pastoris*	24	91	2,66	2,4	1,36	709	48
Klee, Rot- *Trifolium pratense*			5,12				
Klette, Große *Arctium Lappa*	36	85	6,1	0,8	4,2		
Knoblauchsrauke *Alliaria petiolata*							
Knöterich, Wiesen- *Polygonum bistorta*	28	85	5	1,1			54

Mn (mg)	Ca (mg)	Fe (mg)	P (mg)	Cu (mg)	Zn (mg)	Nitrat (mg)	Vitamin C (mg)	B6 (mg)	Carotin (mg)
0,8–1,3	480–713	1,6–4,1	71–138	0,06–0,24	0,3–1	146	105–333		5,6
	197	3,1	41–64		0,28		17–96		4,9
0,76	372	4,8	52	0,28	0,5	137	90–177		
	270	3	65				42		1,7
0,46	156	0,6		0,05	0,57				
0,55–0,9	69–438	1,2–4,7	46–72	0,04	0,41–1,3		10–155–236	0,27	4,4–12,5
0,65	132	2,9	50–128	0,2	0,24–1	72	37–142		
							50		4,9
1,6	289	3,7	72	0,2	1,3	176	230		
0,93	130	2,9	103	0,14	0,9	79	219		
	249	7,9	80,3	0,17	1,3		63–151		
							135		11
						44	100		
							242–314–400		
3,7	122	2,4	79	0,2	1,2	17	177		

Name	Kcal	Wasser (g)	Protein (g)	Kohlen-hydrate (g)	Ballast-stoffe (g)	K (mg)	Mg (mg)
Lattich, Kompass- *Lactuca Serriola*							
Leimkraut, Taubenkropf- *Silene vulgaris*	29	90	3,94		3,4		57
Löwenzahn, Gewöhnlicher *Taraxacum officinale*	45	89	2,7	2,4	3	397–501	36
Malve, Wilde *Malva Sylvestris*	44–85	79,6	2,9– 6,7–7,3	1,9	3,5		82
Möhre, Wilde *Daucus carota*	65		1,2				
Ochsenzunge *Anchusa off.*							
Sauerampfer, Großer *Rumex Acetosa*	25	89,2	3,2	1,2	2		33
Sauerampfer, Kleiner *Rumex acetosella*	23–40	92	0,68– 0,9				33
Sauerklee, Wald- *Oxalisacetosella*			2,2				
Schafgarbe, Wiesen- *Achillea millefolium*	28	83,1	3,6	0,8	5,2		43
Scharbockskraut *Ficaria verna*	15	88	2,5	1,2			32
Schwarzwurzel (Wurzel) *Scorzonera hispanica*	55	75	1,4	2,1	18	320	23
Senfrauke *Eruca vesicaria*	27	91,7	2,6	2,1	1,6	449	22
Taubnessel, Purpurrote *Lamium purpureum*			4,2				
Taubnessel, Weiße *Lamium album*	39	83,4	5,3	0,9	3,9		67
Vogelmiere, Gewöhnliche *Stellaria media*	13	91,3	1,8		2,8		44

Mn (mg)	Ca (mg)	Fe (mg)	P (mg)	Cu (mg)	Zn (mg)	Nitrat (mg)	Vitamin C (mg)	B6 (mg)	Carotin (mg)
							41		
	128	2	45		0,34	90	32		4,1
0,34–0,9	168–187	3,1–3,4	66	0,17–0,26	0,4–0,83	54	33–68–195	0,25	5,3–7,9
1,2	505	4,1	120	0,14	2,2	87	140–178		10,22
							10		
							159		
0,95	58	2,1	51	0,09	0,58	18	12–117		
	39	3,3	24		0,2		9–72–149		
							59–87		2,6
1,7	214	3,5	63	0,25	0,65	46	152		
1,1	177	3,5	36	0,12	1,1	18	131		
0,4	53	3,3	76	0,3	0,22	31	4		0,02
	160–271	1,5			0,4			0,07	1,4
							35		*5,3*
1,1	166	3,2	61	0,1	1,2	27	216		
2,2	150	4,6	45	0,19	0,85	183	37–77		

Name	Kcal	Wasser (g)	Protein (g)	Kohlenhydrate (g)	Ballaststoffe (g)	K (mg)	Mg (mg)
Wegerich, Breit- *Plantago Major*	25	84	3,4	1,8			43
Wegerich, Spitz- *Plantago lanceolata*	19	86	2,2	1,6			47
Wegwarte, Gemeine *Cichorium intybus*	17–33	94	2,9	3,5		104–481	16–24
Weidenröschen, Schmalblättriges *Epilobium angustifolium*			5,4				
Wildfrüchte							
Frucht: Eberesche *Sorbus aucuparia*	85	71	1,5	18		234	17
Frucht: Holunder, Schwarzer *Sambucus nigra*	54	81	2,53	6,52		305	
Frucht: Kornelkirsche *Cornus mas*	67	82	2	12,7			
Frucht: Mehlbeere, Echte *Sorbus aria*	115		1,7	27,1			
Frucht: Rose, Feld- *Rosa arvensis*	125		2,8	27,4			
Frucht: Rose, Hunds- *Rosa canina*	140	50	3,6	16,2	23,7	291	104
Frucht: Sanddorn *Hippophae rhamnoides*	89	82,6	1,4	3,3		133	30
Frucht: Schlehe *Prunus spinosa*	101		1,3	24,5			
Kulturfrüchte							
Apfel *Malus domestica*	52	85	0,2	11,6	2,4	107	5
Kirsche, Süß- *Prunus avium*	63	82	1,1	12,8	2,1	222	11

Mn (mg)	Ca (mg)	Fe (mg)	P (mg)	Cu (mg)	Zn (mg)	Nitrat (mg)	Vitamin C (mg)	B6 (mg)	Carotin (mg)
0,63	412	4,2	65	0,18		29	19–88		
0,98	248	2,5	63	0,18	0,64	38	50–169		4,1
0,2–0,4	121–168	0,2–1	47	0,05–0,3	0,4	12,9	5–54–135	0,1	4
							98–351		5,9
1,6	42	1,5	33	0,09	0,26		98		2,4
	35		57				18	0,25	0,36
							78		
							37		
							219		
1,2	257	0,52	258		0,92		426–1250	0,048	4,8
	42	0,44	8,6				450	0,11	1,5
							37		
0,03	6	0,12	11		0,04		4,6	0,04	
0,07	13	0,36	21		0,07		7	0,05	

Name	Kcal	Wasser (g)	Protein (g)	Kohlen-hydrate (g)	Ballast-stoffe (g)	K (mg)	Mg (mg)
Zitrone *Citrus limon*	29		1,1	2,5	2,8	138	8
Kulturgemüse							
Chicorée *Cichorium intybus var. Foliosum*	20	94	1,2	2,4	1,2	198	13
Kopfsalat *Lactuca sativa*	14	95	0,9	2,4	0,5–1,2	141–260	7–11
Kresse, Garten- *Lepidium sativum*	40	87	4,2	2,48	3,5	550	
Spinat *Spinacia oleracea*	23	91	2,86	3,3	2,2	558	79
Möhre, Garten- (Wurzel) *Daucus carota subsp. Sativus*	33–41	88	1	4,8	2,8–3,6	320–328	12–13
Zwiebel *Allium cepa*	28–40	89	1,1	4,9	1,7	146	10
Weißkohl *Brassica oleracea convar. Capitata var. Alba*	31	90	1	4	2,9	270	15
Rhabarber *Rheum undulatium*	18	92,7	0,6	1,4	3,2	287	11

Auch wenn die Angaben im Internet und in manchen Wildkräuterbüchern nun als überhöht entlarvt wurden, lässt sich sagen, dass Wildkräuter in der Tat häufig einen hohen Gehalt an ernährungstechnisch interessanten Inhaltsstoffen aufweisen. Aber warum ist das so?

In der zehntausendjährigen Geschichte der Kulturpflanzen haben unsere Vorfahren zum Teil bewusst und zum Teil

Mn (mg)	Ca (mg)	Fe (mg)	P (mg)	Cu (mg)	Zn (mg)	Nitrat (mg)	Vitamin C (mg)	B6 (mg)	Carotin (mg)
0,03	26	0,6	16		0,06		53	0,08	
0,3	26	0,74	26	0,1	0,26	15	8,7	0,048	3,4
	18-35	0,4-1,8	20-26	0,025	0,15		2,8-8	0,042	
	214	2,9	38			245	59	0,3	2,2
	99	2,71	49	0,13	0,53		28,1	0,2	
0,17	33-35	0,3-0,38	0,32-0,35	0,049	0,266	50	5,9-7	0,13-0,27	11
	20-23	0,21-0,23	29-35	0,039	0,17-0,22		7-7,4	0,12-0,15	
	45	0,5	35		0,2		50	0,19	
0,17	66	0,35	22	0,038	0,19	215	10	0,035	0,06

unbewusst bestimmte Merkmalseigenschaften der Pflanzen wie Größe der Früchte, Geschmack und Anbaufähigkeit selektiert. Als geeignet empfundenes Saatgut bewahrte man auf und brachte es aus. Doch für unsere Vorfahren – und heute ist es zumeist nicht anders – waren andere Eigenschaften als der Gehalt an Mikronährstoffen wichtiger. So war damals die Größe der Pfahlwurzel der Wilden Möhre (*Daucus carota*) interessanter als der Gehalt an Vitamin A (von Letzterem hatte man noch nicht den geringsten Schimmer), und auch der etwas weniger bittere Geschmack des Kompass-Lattichs war schlichtweg attraktiver, man wusste noch nicht, dass man durch die Züchtung hier gleichzeitig den Kaliumgehalt senkte. Ganz praktische Merkmale waren für unsere Vorfahren entscheidend und sind es für die Landwirte oft heute noch. Die Ährenspindel (der oberste Teil, an dem die »Körner« hängen) des Urweizens zum Beispiel fällt während der Reife auseinander, sodass die wertvollen Samen vorzeitig auf die Erde fallen. Um das zu verhindern, hatte man nur die Samen der Pflanzen weiter ausgesät, die hängen blieben. Schließlich hatte man eine Zuchtform gefunden, bei der die Samen bis nach der Ernte an der Ähre festsaßen. Leider haben produktionssteigernde Merkmale dieser Art seit Jahrzehnten einen immer größer werdenden Einfluss. Im Zusammenspiel mit einer noch nie da gewesenen Machtstellung einiger weniger Global Players unter den Agrarunternehmen und Biotechnologiekonzernen und dem damit verbundenen Sortenverlust gingen uns bereits jetzt schon viele ernährungsphysiologisch interessante Kultursorten verloren.

Nichtsdestotrotz haben Zuchtpflanzen ihre Berechtigung, sie haben einen so großen Bevölkerungszuwachs überhaupt erst ermöglicht. Kaum vorstellbar, dass sich zweiundachtzig Millionen Deutsche fortan nur von Wildkräutern ernähren könnten. Unser Nährstoffbedarf ist so immens, dass Wildkräuter diesen niemals für uns alle decken könnten. Wenn sich die Menschen vor Beginn des Ackerbaus von Wildkräutern ernähren konnten, so lag das vor allem an der geringen Bevölkerungsdichte. Vor 9000 Jahren, also in der Zeit, als die Menschen auf dem europäischen Kontinent das erste Mal Ackerbau betrieben, lebten auf der gesamten Welt etwa so viele Menschen wie heute in Barcelona (fünf Millionen). Auch haben Wildpflanzen nicht alleine ihren Nährstoffbedarf decken können, der Konsum von Fleisch und Fisch war unerlässlich.

Die Wildkräuter-Nährwerttabelle zeigt, dass Wildkräuter ihren gezüchteten Verwandten, gerade was die Mikronährstoffe angeht, oft überlegen sind. Was jedoch die Makronährstoffe (Fette, Proteine und Kohlenhydrate) betrifft, kann man das nicht gerade behaupten. Bei meinen Survival- und Wildnistrips habe ich mich oft tagelang hauptsächlich von Wildkräutern ernährt. Kehrte ich dann zurück in die »Zivilisation«, stand ich jedes Mal mit großen Augen in der Gemüseabteilung eines Supermarkts und war überwältigt allein von der Größe der Kultursorten. Wer sich einmal die Mühe gemacht hat, drei Dutzend Wurzeln der Wilden Möhre zu sammeln, weiß, wovon ich spreche. Für einen Möhrensalat wären an die hundert Pflanzen nötig. Es ist ungemein schwierig, sich mit wild wachsenden pflanzlichen Makronährstoffen zu versorgen. Somit verwundert es nicht, dass es nach heutigem Wissensstand in der Geschichte der Menschheit keine indigene Gruppe gab, die vegan lebte und *keinen* Ackerbau betrieb.

Doch heutzutage müssen Wildkräuter das auch gar nicht leisten. Im Gegenteil: Uns mangelt es nicht an Proteinen, Fetten und Kohlenhydraten, davon haben moderne Lebensmittel reichlich. Uns fehlt es an dem, was die wahre Stärke der Wildkräuter ausmacht: Ballaststoffe, Mineralien, Spurenelemente und sekundäre Pflanzenstoffe.

Häufig vorkommende Inhaltsstoffe in Wildpflanzen

Die meisten der im Folgenden aufgelisteten Inhaltsstoffe sind sekundäre Pflanzenstoffe. Diese Stoffe sind zwar nicht zwingend zum Überleben der Pflanze nötig und erfüllen keine direkte Funktion im Energie- oder Aufbaustoffwechsel, was aber nicht heißt, dass sie unwichtig sind. Sie können chemische Waffen gegen Fressfeinde sein (sie wagen gar nicht erst, sich den Pflanzen zu nähern), locken mit ihren Farb- und Aromastoffen pollenverbreitende Insekten und samenverschleppende Früchtefresser an oder wehren damit Krankheitserreger ab. Gerade Letzteres ist auch für uns Menschen von großem Wert: So können sekundäre Pflanzenstoffe antibiotisch sein, Krebs vorbeugen oder sogar eine hemmende Wirkung auf Tumore haben. Mit anderen Worten: Sie sind für eine abwechslungsreiche Ernährung unabdingbar. Auf die Risiken für Schwangere und stillende Frauen wird im Kapitel 5 näher eingegangen.

Bitterstoffe

Bitterstoffe werden in der Regel alle Stoffe genannt, die eine Erregung unserer Bitterstoffrezeptoren verursachen, selbst wenn sie aus chemischer Sicht nichts miteinander zu tun haben. Bitterstoffe haben eine Reihe von positiven Eigenschaften: Sie helfen beim Aufschließen von Fetten und Ölen, steigern die Magen- und Gallensaftproduktion und haben generell einen positiven Einfluss auf die Verdauung. Einerseits können Bitterstoffe vor dem Essen appetitanregend wirken, andererseits können sie dem Gericht nachfolgenden Heißhunger verhindern. Man nimmt an, dass der Geschmack bitter uns vor giftigen Pflanzen warnen soll, da diese nicht selten so schmecken. Doch probiert man sich mal durch unsere Flora durch, fällt auf, dass Bitterstoffe sehr weitverbreitet sind – tatsächlich giftig für uns sind nur wenige der bitter schmeckenden Pflanzen. Möglich wäre es ebenso, dass nicht giftige Pflanzen sich als giftig »ausgeben«, indem sie ebendiesen Geschmack nachahmen. Jedenfalls dienen Bitterstoffe der Pflanze als Fraßschutz, denn bittere Pflanzen werden von vielen Tieren nur ungern gefressen.

Heutzutage spielen Bitterstoffe in der Kulinarik eher eine untergeordnete Rolle, in der westlichen Welt sind wir sehr auf süß, salzig und umami getrimmt. Umami ist ein Lehnwort aus dem Japanischen und meint »fleischig« oder »würzig«. Einst aßen die Menschen viel bitterere Speisen, doch im Lauf der Jahrhunderte wurden unsere Salat- und Gemüsesorten durch gezielte Züchtung immer »milder«. Wie so oft, gilt auch hier der Grundsatz: Die Dosis macht das Gift. Wer Bitterstoffe überdosiert, muss mit Übelkeit, Erbrechen und einer Reizung des Verdauungsapparats rechnen. Doch wenn man es nicht übertreibt, können Bitterstoffe unsere Küche bereichern und einen Beitrag zu einer gesunden und ausgewogenen Ernährung leisten.

Abmildern von bitteren Wildkräutern

Wenn Pflanzen zu bitter schmecken, kann man sie eine halbe Stunde lang in lauwarmes Wasser legen – das »zieht« die Bitterstoffe etwas heraus. Eine andere Möglichkeit besteht darin, die Wildkräuter getrennt zu kochen und das Kochwasser wegzuschütten.

Gerbstoffe

Gerbstoffe (Tannine) kommen recht häufig in Wildpflanzen vor. Sie sollen sie vor Fressfeinden sowie dem Befall schädlicher Mikroorganismen schützen. Gerbstoffe sind nämlich in der Lage, Proteine zu vernetzen und zu deaktivieren. Zudem wird die Löslichkeit von Proteinen in Wasser herabgesetzt. Genau das passiert, wenn man nach dem Genuss gerbstoffhaltiger Lebensmittel (zum Beispiel Wein) ein »pelziges« Gefühl im Mund hat – die Proteine im Speichel und auf der Mundschleimhaut flocken aus. Wer einmal in den pelzigen Genuss dieser Stoffgruppe kommen möchte, ohne Wein zu trinken, dem empfehle ich, in eine Eichel zu beißen. Eichen haben in der Rinde und in ihren Früchten eine Menge Gerbstoffe und wurden deshalb bereits von den Germanen zum Gerben von Fellen verwendet. Aufgrund dieser Verwendung erhielten Gerbstoffe dann später ihren Namen. Andere gerbstoffreiche Pflanzengruppen sind: Rosengewächse, Heidekrautgewächse wie etwa Heidelbeeren und Knöterichgewächse wie der Schlangenknöterich (*Bistorta officinalis*). In der Naturheilkunde werden sie aufgrund ihrer adstringierenden Wirkung zur Blutstillung und Entzündungshemmung eingesetzt. Sehr gut funktionieren sie auch bei Halsschmerzen (siehe Echte Nelkenwurz, Seite 252), und sie sind ein probates Mittel bei Magen-Darm-Infekten und einem »verstimmten Magen«. Aber Vorsicht: Bei einer Überdosierung drohen Magenschleimhautreizungen, Erbrechen, Verstopfungen. Zudem kann die Aufnahmefähigkeit von Proteinen und einiger Vitamine herabgesetzt werden.

Schleimstoffe

Pflanzliche Schleimstoffe bestehen aus Polysacchariden (Mehrfachzucker) und bilden in Wasser viskose Flüssigkeiten (Schleime/Gele). Sie dienen als Wasser- und Reservespeicher oder ermöglichen die Wasserbindung für eine erfolgreiche Samenkeimung. Mit ihrer Hilfe können Pflanzen ebenso Verletzungen schließen. Diese Eigenschaft kann sich der Mensch zunutze machen, indem Schleimstoffe als »Schutzfilm« bei gereizten Schleimhäuten im Mund- und Rachenraum eingesetzt werden. Zudem können sie bei der Verdauung unterstützend wirken, da sie das Volumen des Darminhalts vergrößern und somit die Darmtätigkeit anregen, zugleich legen sie einen Schutzfilm auf die Darmwände. Hier gilt ebenfalls: Eine Überdosierung kann schädliche Auswirkungen haben. Im Extremfall wird die Aufnahmefähigkeit von Nährstoffen massiv abgesenkt oder es kommt zu einem starken Wasserentzug.

Schleimstoffe finden sich in vielen Pflanzen, in besonders wirksamen Konzentrationen in den Familien der Wegerichgewächse (Spitzwegerich, Indischer Wegerich oder »Flohsamen«) und Malvengewächse (Eibisch, Malven-Arten, Linden).

Flavonoide

Das lateinische Wort *flavus* bedeutet »gelb«, und tatsächlich ist die Stoffgruppe der Flavonoide oft für die gelbe Farbgebung vieler Pflanzen verantwortlich, auch wenn mittlerweile viele farblose oder andersfarbige Flavonoide bekannt sind.

Flavonoide sind eine riesige Stoffgruppe mit über 8000 verschiedenen Verbindungen, deren Aufgaben noch immer nicht genau bekannt sind. Aufgrund dieser Mannigfaltigkeit kann man keine pauschalen Angaben über ihre Wirkung auf uns Menschen machen. In Studien werden ihnen sehr positive Zeugnisse ausgestellt, so geht man bei ihnen von entzündungslindernden, antibiotischen und tumorhemmenden Eigenschaften aus. Zudem sollen sie neuronale Schäden senken. Besonders hohe Konzentrationen von Flavonoiden finden sich in den Außenbereichen der Blätter sowie in der Schale vieler Früchte (Äpfel, Kirschen, Trauben etc.). Die herzstärkende Wirkung von Weißdorn (*Crataegus sp.*) ist zum Teil auf die in ihm enthaltenen Flavonoide zurückzuführen, ebenso die leicht antidepressive Wirkung des Echten Johanniskrauts (*Hypericum perforatum*).

Carotinoide

Die Carotinoide bewirken eine gelbliche bis rötliche Färbung und sind nicht nur bei Pflanzen zu finden, sondern ebenso bei einigen Fischen, Amphibien, Reptilien und Vögeln (zum Beispiel Flamingos). Da Tiere diese Farbpigmente nicht selbst herstellen können, müssen sie sie über die Nahrung aufnehmen. Darüber hinaus sind Carotinoide wichtig für einen reibungslosen Ablauf der Fotosynthese, weshalb sie aufgrund des Beitrags zur Energiegewinnung manchmal nicht zu den sekundären, sondern zu den primären Pflanzenstoffen gezählt werden. Carotinoide sind grundlegend für die Vitamin-A-Synthese, daher haben Karotten auch ihren Ruf, gut für die Augen zu sein. Dabei schärfen sie zwar nicht den Sehsinn, wie oft angenommen, jedoch trägt das Vitamin A zur Augengesundheit bei. Doch nicht nur in Karotten findet sich eine Menge Carotin, tatsächlich sind sie ebenso in sehr vielen gelben und roten Früchten wie Orangen, Paprika und in den grünen Teilen vieler Wildkräuter enthalten. Laut einer neueren Studie sollen Carotinoide entzündliche Prozesse verringern, weitere positive Effekte werden schon seit Längerem vermutet.

Alkaloide

Alkaloide sind basische (»alkalische«) und bitter schmeckende Stickstoffverbindungen, die von bis zu 20 Prozent aller Wildpflanzenarten gebildet werden. Warum Alkaloide von Pflanzen gebildet werden, das ist bislang noch nicht ganz geklärt. Manche Forscher gehen von einer Verteidigungsstrategie gegen Pilze, Mikroben und Fressfeinde aus, andere vermuten, dass es sich hierbei um ein Nebenprodukt anderer Stoffwechselvorgänge handelt. Interessant ist, dass Alkaloide nicht nur für viele Lebewesen und die allermeisten Säugetiere giftig sind, sondern ebenso für die Pflanzen selbst. Deshalb werden sie in speziellen Zellbereichen »verwahrt« und kommen somit nicht in allen Pflanzenteilen vor. Die Konzentration hängt sowohl von dem Standort als auch von dem gesammelten Pflanzenteil ab. So sind die Samen der Mohn-Arten so gut wie alkaloidfrei, selbst wenn sie zum Teil noch nachweisbar sind – das Hauptvorkommen liegt hier im milchigen Pflanzensaft. Alkaloide sind der Grund, warum man keine grünen Kartoffeln oder Tomaten essen sollte, da diese sehr große Mengen davon enthalten können – ebenso wie einige unserer heimischen Wildkräuter.

In einigen Familien sind sie besonders häufig zu finden:

- Hülsenfrüchtler (Spartein in Ginster)
- Liliengewächse (Imperialin in der Kaiserkrone)
- Mohngewächse (Morphin im Schlafmohn)
- Hahnenfußgewächse (Aconitin im Eisenhut)
- Amaryllisgewächse (Lycorin in vielen Narzissen)
- Nachtschattengewächse (Solanin in der Tollkirsche)

Besonders brisant sind Alkaloide deshalb, weil sie aufgrund ihrer Fettlöslichkeit die Blut-Hirn-Schranke passieren können. Da diese Stickstoffverbindungen oft eine gewisse Ähnlichkeit mit Botenstoffen haben (etwa Hormone oder Neurotransmitter, die im Körper Informationen weiterleiten), können sie unser Zentralnervensystem beeinflussen. Die Folgen bei einer Überdosis können verheerend sein – Krämpfe, Schwindel, Atemlähmungen, Erbrechen bis hin zum Kreislaufversagen. Schwangere sollten bei Alkaloiden ganz besonders vorsichtig sein, so stehen diese im Verdacht, für Fehlbildungen verantwortlich zu sein.

Ätherische Öle

Ätherische Öle haben mit den sogenannten fetten Ölen, die wir zum Beispiel vom Speiseöl kennen, nur wenig gemein. Sie sind zwar fettlöslich, enthalten aber selbst keinerlei Fette. Ätherische Öle sind komplexe Gemische aus zum Teil bis Gemische aus zum Teil hunderter Einzelkomponenten, sind oft für den intensiven, aromatischen Geruch vieler Pflanzen verantwortlich. Sie verdunsten rückstandslos, verflüchtigen sich also im »Äther«. Zu den Familien, bei denen diese Stoffe besonders häufig vorkommen, gehören: Kieferngewächse (Zirbelkiefer), Doldenblütler (Kümmel, Anis, Koriander), Lippenblütler (Basilikum, Thymian, Schwarznessel) oder Korbblütler (Kamille, Wermut, Ringelblume).

Ätherische Öle dienen der Pflanze zum einen als Schutz vor Fressfeinden und Krankheitserregern, zum anderen werden durch sie nützliche Insekten wie Bestäuber oder »Feinde der Feinde« angelockt. Gewonnen werden sie hauptsächlich durch Wasserdampfdestillation. Der Dampf treibt die ätherischen Öle aus den zerkleinerten Pflanzenteilen, die dann aufgefangen werden. Traditionell verwendet man sie als krampflösende Mittel (Verdauungstrakt), als Hustenmittel, zur Beruhigung oder Durchblutungsförderung. Auch wenn diese keine Wunderheilmittel sind, wurden zum Teil positive Wirkungen zu besagten Anwendungsgebieten in Studien nachgewiesen, es besteht jedoch noch eine Menge Forschungsbedarf. War die Aromatherapie, die sich besonders auf ätherische Öle spezialisiert hat, bis vor Kurzem noch als eine etwas esoterische Behandlung verschrien, könnten die neuesten Forschungsergebnisse unter anderem des Bochumer Professors Hans Hatt etwas Bewegung in die Sache bringen. Dieser hat herausgefunden, dass wir nicht nur in der Nase Geruchsrezeptoren besitzen, sondern auch in der Haut, vielen Organen und sogar in den Spermien. Das wiederum könnte gewisse Erfolge der Aromatherapie erklären, über dessen Wirkungsweisen man lange gerätselt hat. Trotz dieses Potenzials sind ätherische Öle immer mit Vorsicht zu genießen – in zu hoher Dosierung sind sie in der Lage, Reizungen der Haut und der Schleimhäute auszulösen, zudem können sie für manche Allergiker besonders gefährlich werden.

Iridoide

Iridoide sind Teil eines großen Verteidigungsarsenals, das viele Pflanzen zum Schutz vor Fraß und mikrobiellem Befall (Pilze, Bakterien) aufbauen. Diese Form der »Bewaffnung« ist ganz besonders ausgeklügelt und der Mechanismus bei vielen Abwehrstoffen anzutreffen. Iridoide sind in bestimmten Teilen der Pflanzenzellen vorzufinden und werden erst aktiv, wenn sie mit den dazugehörigen Enzymen zusammentreffen. Diese Enzyme wiederum werden meist in den Zellmembranen eingelagert, sodass es erst zu einem Zusammentreffen kommt, wenn die Zelle durch Fraß oder Ähnliches beschädigt wird. Wie bei einem Zweikomponentensprengstoff tritt die gefährliche Wirkung also erst bei einem Aufeinandertreffen von Iridoiden und Enzymen ein. Die aktivierten Iridoide zerstören nun in der Nähe befindliche zelleigene Proteine und senken den Nährwert der Pflanzenzelle für den Feind enorm. Dieser Selbstzerstörungsmechanismus führt letztlich dazu, dass die so agierenden Pflanzen seltener gefressen werden – wer isst schon gerne, ohne sättigende Befriedigung zu erlangen? Iridoide verderben dem Pflanzenfresser aber nicht nur den Appetit, sie schädigen in höheren Dosen die Schleimhautzellen seines Magen-Darm-Trakts. Beim ewigen Wett- und Nachrüsten in der Natur gibt es aber auch einige Tierarten, die effiziente Detox-Mechanismen entwickelt haben. In geringen Dosen können Iridoide bei uns Menschen einen heilenden Effekt haben. Zu denken ist da zum Beispiel an die beruhigende Wirkung des Echten Baldrians (*Valeriana officinalis L.*).

Senfölglycoside

Senfölglycoside (Glucosinulate) dienen ebenfalls der Pflanzenabwehr und ihr »Auslösemechanismus« funktioniert ähnlich wie bei den Iridoiden – erst bei Verletzung von Pflanzenzellen kommen zwei Komponenten zusammen, die dann wirksam werden. Das ist der Grund, warum Senf, Meerrettich oder Rucola erst nach einer Verletzung (durch Kauen oder Zerreiben der Blätter) einen starken Geruch und Geschmack entwickeln. Besonders in der Familie der Kreuzblütler (Raps, Knoblauchsrauke, Schmalblättriger Doppelsame) kommen diese schwefel- und stickstoffhaltigen Verbindungen häufiger vor. Inzwischen wurde bereits in vielen Studien eine antibakterielle, teils sogar antivirale Wirksamkeit nachgewiesen, und einige Untersuchungen legen nahe, dass sie tumorhemmend wirken könnten.

Cyanogene Glycoside

Cyanogene Glycoside schließen sich den zuvor beschriebenen Stoffgruppen in ihrem »Auslösemechanismus« an, auch hier werden die Komponenten bis zur Beschädigung getrennt verwahrt. Dann wird Zucker durch Enzyme gespalten und es entsteht die für die allermeisten Tiere stark toxische Blausäure. Diese greift in den Energiestoffwechsel der Zellen ein, was die Energieversorgung des gesamten Organismus in kürzester Zeit stilllegen kann. Blausäure kommt bei uns in Form von cyanogenen Glycosiden vor allem in den Kernen und der Rinde vieler Rosengewächse (Äpfel, Aprikosen, Hagebutten) oder den Holunder-Arten vor. Sie schmeckt stark bitter und hat einen für einige Menschen nicht wahrnehmbaren Geruch nach Mandeln. Das Gute an Blausäure ist, dass man sie durch Erhitzen unschädlich machen kann, da sie sehr flüchtig ist. Je nach Pflanzenart kommen ganz unterschiedliche Mengen an cyanogenen Glycosiden vor, so sind sie in Erdbeeren und Brombeeren sehr niedrig dosiert. Unser Organismus kommt mit einer geringen Menge an Blausäure klar, da er in diesem Fall mit speziellen Entgiftungsmechanismen aufwarten kann.

Saponine

Ihren Namen verdanken diese Glycoside der Eigenschaft, im Wasser – geschüttelt, nicht gerührt – einen seifenartigen Schaum (lateinisch *sapo*, »Seife«) zu ergeben. Diese Stoffe schützen die Pflanze gegen einen Befall von Bakterien und Pilzen. Aufgrund ihrer Fähigkeit, Öle im Wasser zu lösen und die Oberflächenspannung herabzusetzen, wurden und werden Pflanzen mit hohem Saponingehalt zum Waschen verwendet. Nicht nur exotische Pflanzen wie die Waschnüsse sind hier zu nennen, auch gibt es bei uns Pflanzen, wie den Efeu (*Hedera helix*), das Echte Seifenkraut (*Saponaria officinalis*) und die gemeine Rosskastanie (*Aesculus hippocastanum*), die sich dazu eignen. Darüber hinaus gibt es bei uns viele weitere Pflanzenarten mit Saponinen, etwa die Vogelmiere (*Stellaria media*), doch ist der Gehalt hier oft sehr gering. Saponinhaltige Pflanzen werden schon seit Langem zu Heilzwecken verwendet, ihnen werden entzündungshemmende, schleimlösende, cholesterinsenkende, venenstärkende, tumorhemmende und harntreibende Wirkungen nachgesagt, was in Studien zum Teil Bestätigung fand.

Da sie zum einen in der Lage sind, die Aufnahmefähigkeit des Darmes für andere Stoffe zu verbessern, können sie die Aufnahme positiver Wirkstoffe verbessern. Zum Nachteil wird das jedoch bei Giftpflanzen, so kommen zum Beispiel im stark giftigen Roten Fingerhut (*Digitalis purpurea*) auch Saponine vor, welche den Effekt der ebenfalls enthaltenen herzwirksamen Glycoside verstärken könnten. Saponine werden zwar über den oralen Weg kaum vom Körper aufgenommen, gelangen sie aber etwa durch Wunden in den Blutkreislauf, kann dies fatale Folgen haben. Bereits kleine Mengen können stark hämolytisch wirken, das heißt, sie zerstören rote Blutkörperchen. Bekannte Wildkräuter, aus denen man wahre Saponin-Drogen gewinnen kann, sind Königskerzen, Primeln, Veilchen oder die Bibernelle. Aufgrund ihrer systemisch eingreifenden Eigenschaften sind stark saponinhaltige Pflanzen nur unter Anleitung fachkundiger Menschen einzusetzen.

Cumarin

Cumarin ist für den typischen Geruch beim Echten Waldmeister (*Galium odoratum*) oder Heu verantwortlich und soll Pflanzen wahrscheinlich davor schützen, gefressen zu werden. In der Pflanze ist Cumarin meist an Zucker gebunden, der in Notsituationen (Verletzung, Trockenheit) abgespalten wird und erst dann seine volle Wirkung entfaltet. Daher sollte man Waldmeister etwas welken lassen, bevor man ihn verwendet. Er wird so viel geschmacks- und geruchsintensiver. Auch wenn wir Menschen gute Entgiftungsmechanismen gegen Cumarine besitzen, sollten wir es beim Waldmeister oder anderen cumarinhaltigen Pflanzen wie Zimt, Steinklee oder Liebstöckel nicht übertreiben: Überdosiert kann Cumarin Schwindel, Kopfschmerzen, Erbrechen auslösen und im Extremfall zu (Atem-)Lähmung und Kreislaufversagen führen. Drei Gramm Waldmeister pro Liter Bowle wird als eine für Erwachsene verträgliche Menge angesehen. Frühere Studien vermuteten eine krebserregende Wirkung, weshalb 1974 die industrielle Verwendung von cumarinhaltigen Lebensmitteln bei Getränken wie Limonade verboten wurde. Neuere Studien konnten aber kein erhöhtes Krebsrisiko durch Cumarin feststellen, weshalb die Regelungen stark gelockert wurden.

Oxalsäure

Die Oxalsäure verdankt ihren Namen dem Waldsauerklee (*Oxalis acetosella*), der ebenso wie die Sauerampfer-Arten sauer schmeckt. Doch auch in vielen Fuchsschwanzgewächsen wie Spinat, Gänsefüße oder Melden ist Oxalsäure enthalten. Man rätselt noch, in welcher Weise sie den Pflanzen nutzt. Vermutungen gehen (mal wieder) von einer Schutzwirkung aus, aber man nimmt weiterhin an, dass sie den Kalzium- und Nitrathaushalt regelt. Die Fähigkeit der Oxalsäure, Kalzium zu binden und so beim Menschen für eine gefährliche Unterversorgung zu sorgen (oder eine Nierensteinbildung zu fördern), veranlasst viele Autoren, sie als »Giftstoff« zu klassifizieren. Etwa zwei Drittel aller Nierensteine sind tatsächlich auf Oxalatsteine zurückzuführen. Ältere, Nierenkranke und Menschen, die nicht ausreichend Kalzium zu sich nehmen, sollten besser auf oxalatreiche

Speisen verzichten, alle anderen können sie in Maßen genießen. Am besten konsumiert man sie zusammen mit kalziumreichen Lebensmitteln (Milch, Sesam). Oxalsäure kann die Aufnahmefähigkeit von Eisen im Darm verringern, weshalb reine Eisenwerte noch nichts über ihre Verfügbarkeit aussagen, vor allem wenn es sich um ein Lebensmittel mit viel Oxalsäure handelt.

Inulin

Inulin ist kein sekundärer Pflanzenstoff, sondern gehört wie Stärke zu den Reserve- oder Speicherstoffen. Während Stärke gleich aufgebaut ist, ist Inulin immer eine Mischung aus Polysacchariden (Mehrfachzuckern). Manche Pflanzen haben allein Inulin als Speicherstoff, andere ergänzen damit die vorhandene Stärke. Es bedingt, dass die Wasseraufnahme von Pflanzen verbessert wird und die Zellmembranen geschützt werden, was besonders bei anhaltender Trockenheit hilfreich sein kann. Bei einer Verwertung von Inulin durch uns Menschen ist zu beachten, dass wir kein Enzym besitzen, um es aufzuspalten und dadurch verwertbar zu machen. Doch zum Glück haben wir kleine Helferlein im Enddarm, die das für uns erledigen. Diese Stoffwechselaktivität hat jedoch einen Nebeneffekt: Sie erzeugt eine Menge Gase, was sich bei vielen Menschen als Blähungen bemerkbar macht. Wer einmal größere Mengen an Topinambur (*Helianthus tuberosus*) verspeist hat, kann da vielleicht mitreden. Inulin wird als Süßungsmittel für Diabetiker genutzt, da es den Blutzuckerspiegel nicht beeinflusst. Doch nicht nur in Diabetikernahrung ist es zu finden – mittlerweile verwenden es viele Lebensmittelproduzenten, um die Textur oder andere Eigenschaften zu beeinflussen. Inulin kommt bei uns vor allem in folgenden Familien vor:

- Borretschgewächse (Beinwell)
- Glockenblumengewächse
- Korbblütengewächse (Löwenzahn-Arten)
- Doldenblütler (Pastinake)
- Süßgräser (Quecke)

Chlorophyll

Auch Chlorophyll ist kein sekundärer Pflanzenstoff, sondern spielt für den Energiehaushalt von Pflanzen eine herausragende Rolle. Dieser Stoff, dem Pflanzen ihre grüne Farbe verdanken, absorbiert das Licht und vermittelt die Energie an die nächste »Station« innerhalb der Fotosynthese. Chlorophyll ist in den meisten Pflanzenarten vorhanden, wobei es große Unterschiede in der Konzentration gibt. Dabei spielt nicht nur die Pflanzenart eine Rolle, sondern ebenso Standort, Gesundheitszustand und Alter. Letzteres erkennen wir spätestens im Herbst, wenn sich die Blätter der Bäume verfärben. Dann wird das grüne Chlorophyll aus den Blättern »gezogen«, umgewandelt und in den Zweigen und Stämmen gespeichert. Das hat zwei Vorteile: Das umgewandelte Chlorophyll kann im Frühling wieder hervorgeholt, umgebaut und verwendet werden und die verbliebenen roten und gelblichen Pigmente der Blätter haben eine Sonnenschutzfunktion. In den letzten Jahren gab es einen regelrechten Hype um das Blattgrün und seine gesundheitsfördernde Wirkung. Dass es sich dabei um eine Neuauflage eines Hypes handelt, wissen die wenigsten: Bereits in den Fünfzigerjahren galt Chlorophyll in den USA als Superfood. So soll es – damals wie heute – die Blutbildung unterstützen, bei Eisen- und Magnesiummangel helfen, freie Radikale einfangen, Krebs vorbeugen, schlank machen und gegen unangenehme Körpergerüche wirken.

Eine chinesisch-US-amerikanische Studie wies eine positive Wirkung von Chlorophyll auf DNA-Schädigungen nach, die mit einer bestimmten Form von Leberkrebs verbunden werden. Ob das Krebsrisiko in diesen Fällen tatsächlich sinkt, wurde nicht untersucht, zudem lässt sich das noch lange nicht auf andere Krebsformen ausdehnen. Was die anderen versprochenen Wirkungen angeht: Da sieht die Datenlage eher mau aus. Entweder gibt es dazu gar keine Studien oder sie entsprechen nicht den wissenschaftlichen Standards (keine Vergleichsgruppen, zu wenige Stichproben) oder die Ergebnisse bezogen sich auf Tiere, sodass Rückschlüsse auf den Menschen oft sehr gewagt sind.

Trotz alledem gibt es einen potenziellen positiven Effekt auf die Gesundheit: Wer mehr natürliche, chlorophyllhaltige Nahrung zu sich nimmt, erhöht seinen Anteil an frischem Blattgrün – und das ist auf jeden Fall eine gute Sache. Die Betonung liegt auf »natürlich«, da dies bei Nahrungsergänzungsmitteln in Pillenform wegfällt.

3

Das ABC des Wildkräutersammelns

Das Recht auf Wildkräuter

Gegen Ende meiner kulinarischen Kräuterwanderungen, bevor wir die Wildpflanzen später gemeinsam verkochen, frage ich öfter: »Jetzt haben wir hier einfach so gesammelt – darf man das überhaupt?« Ich mag diesen Moment, wenn alle dastehen und sich kurz unsicher sind, ob sie nicht vielleicht Teil einer kollektiven Ordnungswidrigkeit wurden.

In Deutschland ist fast alles geregelt, was geregelt werden kann. Was man in der Natur darf und was nicht, wird unter anderem im Bundesnaturschutzgesetz geregelt. In Paragraf 39 heißt es dazu: »Es ist verboten, wild lebende Pflanzen ohne vernünftigen Grund von ihrem Standort zu entnehmen oder zu nutzen oder ihre Bestände niederzuschlagen oder auf sonstige Weise zu verwüsten.« Weiterhin ist nicht erlaubt, »Lebensstätten wild lebender Tiere und Pflanzen ohne vernünftigen Grund zu beeinträchtigen oder zu zerstören«.

Dass wir trotzdem nicht auf das Kräutersammeln verzichten müssen, ist einem Zusatz geschuldet, der dieses Verbot unter gewissen Umständen wieder aufhebt: »Jeder darf … wild lebende Blumen, Gräser, Farne, Moose, Flechten, Früchte, Pilze, Tee- und Heilkräuter sowie Zweige wild lebender Pflanzen aus der Natur an Stellen, die keinem Betretungsverbot unterliegen, in geringen Mengen für den persönlichen Bedarf pfleglich entnehmen und sich aneignen.«

Vier Informationen sind hier für uns wichtig:

1. Wildpflanzen ja, angebaute Pflanzen nein

»Wild lebende« Pflanzen bedeutet, dass Ackerfrüchte und Zierpflanzen ausgeschlossen sind. Sich das Menü mit den gesammelten Wildkräutern mit Frühkartoffeln vom Acker zu komplettieren oder sich die Blumenrabatte im eigenen Vorgarten mit der Katzenminze aus der Stadtbegrünung zu verschönern, geht somit nicht. Feldfrüchte zu entwenden ist Diebstahl und wird wie ein Eigentumsdelikt strafrechtlich geahndet.

2. Sammeln darf man nur nicht geschützte Pflanzen und allein auf Flächen, die man betreten darf

Dass man die Malven im Garten des Nachbarn stehen lassen muss, ist hoffentlich jedem klar. Große Unsicherheit herrscht aber bei vielen Wildkräuterinteressierten, wenn es etwa um Parks geht. Wie sieht also die Lage im öffentlichen Raum aus? Zumal Deutschland ein sehr dicht besiedeltes Land mit ohnehin schon stark zurückgedrängter Natur ist. Zwar ist die starke Abnahme der Artenvielfalt nicht den Wildkräutersammlern geschuldet (sondern der Lebensraumzerstörung durch konventionelle Landwirtschaft), nichtsdestotrotz macht eine Regelung der privaten Entnahme zunächst einmal Sinn. In einem Wald oder einer

Offenfläche ohne Schutzstatus darf man generell Pflanzen für den Eigenbedarf sammeln. Ausgenommen sind hierbei geschützte Pflanzenarten wie Orchideen oder Narzissen. Wahrscheinlich ist das den meisten bekannt. Aber wer weiß schon, dass man Steifen Lauch (*Allium strictum*), Echten Eibisch (*Althaea officinalis*) und Schlüsselblumen nicht pflücken darf?

Da man sich aus Eigenschutz und beim Bekochen anderer aus Fremdschutz immer über die Pflanzenart im Klaren sein sollte, die man gerade pflückt, kann man nebenbei auch in einer Pflanzen-App oder einem Bestimmungsbuch nachschlagen, ob die Pflanze als gefährdet gilt. Hilfreich ist ebenso die Webseite vom Bundesamt für Naturschutz, die sich »Wissenschaftliches Informationssystem zum Internationalen Artenschutz« (https://www.wisia.de) nennt. Dort erhaltet ihr aktuelle Infos darüber, ob eine Art geschützt ist oder nicht. Da viele Wildpflanzen aufgrund ihrer Seltenheit unter Schutz stehen, passiert es also nicht sehr häufig, dass man gerade über diese Raritäten stolpert und sie sammeln möchte.

Außerdem sind viele seltene Arten nicht besonders interessant, was ihren Geschmack oder ihre Heilwirkung betreffen. In Gebieten mit Schutzstatus sieht es anders aus, hier darf womöglich nicht einmal der Löwenzahn gesammelt werden. Schutzgebiet ist nicht gleich Schutzgebiet, das hängt vom jeweiligen Status ab. Aber Achtung! Es gibt natürlich auch immer Ausnahmen, im besten Falle schaut man sich vorher die jeweilige Schutzgebietsverordnung an.

Welche Pflanzen darf man wo pflücken?

Schutzgebiet	Schutzstatus	Darf man Pflanzen pflücken?
Landschaftsschutzgebiet	Mittel	In der Regel ja
Naturpark	Mittel	In der Regel ja
Biosphärenreservat	Mittel bis hoch	In der Regel ja. Manchmal gibt es (Kern-) Zonen, in denen es verboten ist.
Nationalpark	Sehr hoch	Nein
Naturschutzgebiet	Sehr hoch	Nein

3. Respektvoller Umgang mit Pflanzen und ihrem Lebensraum

Die dritte Vorschrift, die uns der Gesetzestext gibt, ist die, dass die Entnahme »pfleglich« erfolgen muss. Pflanzen sind erstaunliche Lebewesen, die miteinander kommunizieren und Änderungen in ihrer Umwelt wahrnehmen und darauf reagieren können. Auch wenn es keine wissenschaftlich fundierten Hinweise auf eine Fähigkeit zur Schmerzempfindung oder eines Bewusstseins gibt, sollte man Pflanzen mit Respekt behandeln. Selbst wenn sie weniger menschenähnlich sein sollten, wie es Deutschlands berühmtester Förster Peter Wohlleben vielleicht gern hätte, frage ich mich, wieso wir Menschen geneigt sind, nur den Lebewesen Empathie entgegenzubringen, die uns (scheinbar) ähneln?

4. Nur für den persönlichen Eigenbedarf

Und zu guter Letzt spricht der Gesetzgeber von »geringen Mengen für den persönlichen Bedarf«. Doch was heißt das genau – wenn ich für meine dreißigköpfige Familie Bärlauchpesto zubereiten will, ist das noch Eigenbedarf? Tatsächlich wird der persönliche Eigenbedarf im Gesetz nicht konkretisiert. Sollte es zu einer Anklage kommen, wird wohl jeder Richter anders entscheiden. Klar ist aber, dass ein Anhänger voller Bärlauch niemals als Eigenbedarf durchgehen wird, man muss da also seinen gesunden Menschenverstand einschalten. Es ist in diesem Zusammenhang immer wieder die Rede von einer »Handstraußregelung«. Als Richtlinie kann man die Menge nehmen, die man in einer Hand mit Daumen und Mittelfinger umfassen kann. Basketballspieler sind hier klar im Vorteil.

Welche Orte eignen sich zum Wildkräutersammeln?

Mache ich in Berlin Teamevents, werde ich zuvor oft gefragt, wie weit man rausfahren müsse, um Wildkräuter zu finden. Meine Antwort bringt regelmäßig überraschte Reaktionen hervor, denn tatsächlich reicht es meist, das Bürogebäude zu verlassen. Vor allem, wenn es dabei »nur« um eine Kräuterführung gehen soll, bei der Pflanzen vorgestellt, aber nicht gegessen werden. Wilde, krautige Pflanzen wachsen überall; es ist viel schwieriger, einen Ort zu finden, an dem keine zu finden sind.

Da dieses Buch aber vorrangig die Verwendungsmöglichkeiten von Wildkräutern behandelt, möchte ich Standorte vorstellen, von denen keine Gefährdung durch den Verzehr von Wildkräutern ausgeht. In Kapitel 4 werden wir uns mit den möglichen Gefahren in der Stadt, speziell ehemaliger Industriestandorte beschäftigen. Also: Welche Orte sind denn nun gut zum Sammeln?

Oft werde ich auch gefragt: »Welcher Wald bei Berlin eignet sich denn für eine Wildkräutertour?« Das ist hochinteressant, denn es zeigt mir, dass viele Menschen als Erstes an den Wald denken, wenn sie sich mit der Natur und Wildkräutern beschäftigen. Man sagt den Deutschen ja eine besondere emotionale Bindung zum Wald nach, und ich glaube, da ist was dran. So abwechslungsreich Wälder sein können, eine große Artenvielfalt in der Krautschicht (so nennen Ökologen die vertikale Vegetationsebene zwischen den Moosen und den verholzenden Sträuchern), sucht man hier eher vergeblich. Natürlich gibt es spannende Wildkräuter im Wald, manche Arten wachsen sogar nur dort – und meine Kollegen und ich bieten auch spezielle Kräuterführungen in manchen Wäldern an. Dennoch gibt es auf offenen Flächen oft mehr zu entdecken. Doch warum ist das so?

Die Erklärung ist im Prinzip einfach: Die Bäume greifen mit ihrem Blätterdach das meiste Licht ab, sodass unten, am Boden, nicht mehr viel ankommt. Deshalb wachsen viele Waldblüher wie das Buschwindröschen (*Anemone nemorosa*) oder das Gewöhnliche Leberblümchen (*Hepatica nobilis*) bereits recht früh im Jahr, wenn die Bäume ihre Blätter noch nicht entfaltet haben. Doch Wald ist nicht gleich Wald, es gibt viele unterschiedliche Typen. Ökologen unterteilen die

Waldgesellschaften in bis zu 150 Untergruppen, viele von ihnen sind aber sehr selten. Da ich mich hier aber mit der Praxis des Wildkräutersammelns und nicht mit pflanzensoziologischer Systematik beschäftigen möchte, mögen es mir Ökologen und Förster verzeihen, wenn ich eigene Kategorien verwende. Besonders artenreich sind Ökotone, Übergangszonen zwischen zwei Ökosystemen. Also, unbedingt mal dort schauen, wo Wiesen von Strukturen wie Sandhügeln oder Wegen unterbrochen oder von anderen Ökosystemen abgelöst werden – der Waldrand eignet sich dafür hervorragend.

Mit der Zeit lernt man, die Landschaft und ihren Bewuchs zu »lesen«. Wo andere nur eine kleine Erhebung se-

Abb. 3: Übergangszonen zwischen offenen und waldartigen Strukturen sind manchmal sehr artenreich.

hen, erkennt das geschulte Auge vielleicht einen speziellen Trockenstandort mit Südausrichtung. Generell kann es lohnenswert sein, nach Strukturen Ausschau zu halten, die irgendwie herausstechen.

Einen groben Überblick über häufige Standorte einiger Wildkräuter soll folgende Tabelle geben, dabei handelt es sich bei den Angaben um Tendenzen. Es gibt wie immer auch hier Ausnahmen, so können vereinzelt Arten an Standorten vorkommen, die nicht markiert sind. Angaben wie »schattig«, »sonnig«, »feucht« oder »trocken« beziehen sich auf bevorzugte Bedingungen; ist nichts genannt, hat die Pflanze keine besonderen Vorzüge. Die Buchstaben verweisen auf die Sammelorte: WA = Wald, WI = Wiese, Ä = Äcker, P = Parks & Gärten, R = Ruderalstandorte, G = Gewässer.

Sammelorte für Wildkräuter

Pflanzenname	WA	WI	Ä	P	R	G
Baldrian		X				X
Bärlauch & Wunder-Lauch	X			X		
Beifuß			X		X	
Beinwell		X				X
Brennnessel	X		X	X	X	X
Brunnenkresse	X					X
Eberesche	X		X	X		
Echte Kamille			X			
Echte Nelkenwurz	X			X		
Echtes Johanniskraut		X		X	X	
Gewöhnlicher Dost		X		X		
Giersch	X			X		
Glockenblumen		X	X	X		
Graukresse		X	X	X	X	
Gundermann	X	X		X		
Wildrosen (»Hagebutten«)	X		X	X		
Hirtentäschelkraut			X	X		
Holunder	X		X	X	X	
Hopfen	X			X		X
Kleiner Wiesenknopf		X				
Kletten	X		X	X	X	
Knoblauchsrauke	X			X	X	
Labkräuter	X	X	X	X	X	
Löwenzahn		X		X		

Schattig	Sonnig	Feucht	Trocken
X		X	
X		X	
	X		X
X		X	
X			
X		X	
	X		
X		X	
	X		X
			X
X		X	
			X
X			X
		X	
	X		X
	X		X
	X		
	X		X
	X		
	X		
	X		

Pflanzenname	WA	WI	Ä	P	R	G
Mädesüß						X
Malven		X	X	X	X	
Mohn			X		X	
Nachtkerze				X	X	
Sauerampfer		X		X		
Schafgarbe		X		X		
Scharbockskraut	X			X		
Scharfer Mauerpfeffer				X	X	
Springkräuter	X			X		
Taubnesseln	X		X	X	X	
Veilchen	X	X		X		
Vogelmiere	X	X	X	X	X	
Waldmeister	X			X		
Waldsauerklee	X			X		
Wegerich-Arten	X	X	X	X	X	
Wegwarte		X	X	X	X	
Weißer Gänsefuß			X	X	X	
Wiesen-Bärenklau		X				
Wiesenkerbel		X		X		
Wiesenschaumkraut		X				
Wilde Möhre		X	X	X	X	

Schattig	Sonnig	Feucht	Trocken
		X	
	X		
	X		
	X		X
	X		
	X		X
X		X	
	X		X
X		X	
X			
X			
	X		X
	X		X
	X	X	
X		X	
	X		X

Abb. 4: In einem strukturreichen Buchenwald, wie hier in der Nähe des brandenburgischen Chorin, wird man am Wegesrand fündig.

Laub- und Mischwälder

Wer an Laubwälder denkt, hat häufig das Bild eines »Hallenwalds« im Kopf, mit hohen Rotbuchen, die weit auseinanderstehen und in denen das Fehlen von Jungbäumen und Sträuchern einen weiten Blick ermöglicht. Diese Wälder sind durch Bewirtschaftung entstanden und bilden tatsächlich einen großen Teil der bei uns vorkommenden Laubwälder. Zwischendrin findet man kleinere bis größere Nadelbaumbestände, die immer etwas fehl am Platz wirken. Neben den klassischen Buchenwäldern gibt es viele andere Typen, darunter Eichenmischwälder, die vor allem auf sandigen Böden und in südexponierten Lagen anzutreffen sind. Das genaue Gegenteil sind Bruchwälder, die dauerhaft unter

Wasser stehen, und Auwälder, welche zeitweise »überflutet« werden.

Wer sich in Laub- und Mischwäldern auf die Suche nach Wildkräutern machen will, sollte auf dem Weg bleiben. Denn tatsächlich findet man sie meistens, geradezu sprichwörtlich, am Wegesrand. Dadurch, dass auf Waldwegen keine Bäume stehen, dringt zu ihren Rändern mehr Licht durch als im Wald selbst, und das wiederum nutzen krautige Pflanzen am Boden aus. Interessant sind auch Lichtungen, Wiesen und Kahlschläge, wo also im Wald großflächiger gefällt wurde. Bärlauch (*Allium ursinum*) wächst gerne in schattigen, leicht feuchten Wäldern und ist dann gleich in Massen vorzufinden.

Reine Nadelwälder

Reine Nadelwälder kommen bei uns hauptsächlich in höheren Lagen vor. Kiefernwälder gab es aber auch natürlicherweise im flachen Nordosten Deutschlands. Da man in der Forstwirtschaft vielerorts noch bis vor Kurzem auf reine Nadelbaumkulturen gesetzt hat, findet man reine Nadelbaumwälder aber auch häufig in den tieferen Lagen. Wie die Waldbrandgefahr in Brandenburg oder die Massenvorkommen von Schädlingen vielerorts zeigen, hat man mit diesen Monokulturen aufs falsche Pferd gesetzt. Für Kräutersammler und -sammlerinnen sind Nadelwälder eher wenig inspirierend – die Böden sind oft so sauer und die Bestände derart eng gepflanzt, dass sich in ihnen nicht viele Wildkräuter wohlfühlen. Andere Gebiete sind lohnender. Nur wer Heidelbeeren sammeln möchte, ist hier genau richtig, denn die lieben die sauren Böden der Nadelwälder.

Abb. 5: Sie können wunderschön und märchenhaft sein, sind aber in der Regel keine Wildkräuterparadiese: Nadelwälder.

Wiesen & Weiden

Unter einer Wiese versteht man eine landwirtschaftlich genutzte Fläche, bei der (meist) mehrmals im Jahr maschinell gemäht wird. Eine Weide hingegen wird von Weidevieh abgegrast. Wiese wie Weide werden auch als Grünland bezeichnet, da hier keine Ackerfrüchte angebaut werden.

Man muss kein Botaniker sein, um zu erkennen, dass manche Wiesen extrem artenreiche Standorte sind. Das bunte Meer zeigt es einem an. Bückt man sich dann noch und schaut genau hin, wird man fast erschlagen von der

Vielfalt. Beim Kartieren, also dem systematischen Erfassen der Flora, kann es passieren, dass man für einen Quadratmeter Wiese zwei DIN-A4-Blätter vollkritzelt und kaum vorankommt. Die raren Magerrasen, allen voran die Kalkmagerrasen, stehen in Mitteleuropa leider auf Platz eins der artenreichsten Pflanzengesellschaften. Diese sind jedoch aufgrund ihrer Seltenheit gewöhnlich geschützt und für das Sammeln tabu. Doch selbst normale Wiesen und Weiden können mitunter recht artenreich sein, wenn sie nicht zu stark gedüngt werden – in einem solchen Fall findet man dann außer Gräsern und Löwenzahn fast nichts. Das Sammeln auf Grünland, auf dem Wiederkäuer und Pferde stehen, sollte vermieden werden (siehe dazu S. 89).

Abb. 6: Eine Wiese, die nicht allzu häufig gemäht wird, beherbergt häufig eine große Artenvielfalt.

Ruderalstandorte & Brachen

Greift der Mensch rigoros in eine von Pflanzen bewachsene Fläche ein, stört er. Indem er zum Beispiel den Boden aufbricht und stark verändert, ihn teilweise versiegelt oder aufschüttet, entstehen ganz neue Ökosysteme. Zu diesen sogenannten Ruderalflächen gehören Schutthalden, Ödland, Trümmerhaufen an Äckern, Ackerbrachen, Baustellen, aufgeschüttete Sandhaufen, Industriebrachen, Böschungen und Bahndämme. Später gehe ich noch auf die Industriebrachen ein, auf ihnen sollte besser nicht gesammelt werden. Bei Bahndämmen ist der Zutritt meist untersagt, und aufgrund von Pestiziden und behandelter Bahnschwellen ist ein Sammeln von Wildpflanzen dort ebenfalls nicht anzuraten.

Abb. 7: Ruderalfluren wie hier am Rande eines Lagerplatzes für gefällte Baumstämme können artenreicher sein als der umgebende Wald.

Abb. 8: Manche Gewässerufer sind sehr artenreich. Man beachte jedoch den Schutzstatus, häufig sind sie von seltenen Vogelarten bewohnt und dürfen nicht betreten werden.

Gewässerufer

Einige Wildpflanzen haben sich an feuchte Standorte angepasst und lassen sich vornehmlich dort finden. Das Gewässer kann wie bei einem Teich oder See stehend sein oder aber fließend wie bei einem Bach oder Fluss. Will man hier Kräuter sammeln, sollte man sich das Wasser genauer ansehen (oder sich informieren) – manche Gewässer sind belastet. Pflanzen, die man verzehren will, sollte man in einem solchen Fall nicht sammeln, egal ob sie im oder am Wasser wachsen. Auch der Naturschutz verbietet einem zum Teil das Betreten: So sind manche Gewässerufer wertvolle Habitate für seltene Vogelarten. Die Belastung kann menschlicher Natur (Schwermetalle durch Industrie, Dünger- und Pestizideintrag) oder natürlichen Ursprungs sein, etwa durch eine Algenblüte. Weiterhin sei davor gewarnt, an

Gewässern auf Weiden zu sammeln, da man sich mit dem Leberegel infizieren kann.

Parks und Gärten

Weit gefehlt, wer glaubt, dass städtische Parks und Gärten artenarm sind. Die unterschiedlichen Strukturen begünstigen erst einmal eine große Artenvielfalt. Je nachdem, wie oft gemäht und wie stark eingegriffen wird, kann man hier schnell fündig werden, will man Wildkräuter sammeln. In manchen Großstädten wird regelmäßig gemäht, um die Parks »sauber« zu halten. Andere urbane Zentren wie etwa Berlin haben einen geringeren Etat für die Grünflächenpflege, eine höhere Parkdichte oder eine andere Pflegestrategie. Hier wird eher selten »aufgeräumt« – und somit ist in diesen grünen Oasen mehr zu finden. Natürlich ist nicht jeder Park zum Wildkräutersammeln geeignet – dass Hunde markieren, ist noch das Appetitlichste, unangenehm sind mehr die menschlichen Ausscheidungen. Doch selbst wenn man nicht für die Suppe sammelt, kann man in ihnen eine Menge über Wildkräuter lernen. Bunte (Bauern-)Gärten, in denen nur ab und zu eingegriffen, also gemäht wird, sind ebenfalls ungemein artenreich.

Äcker

Wer glaubt, eine vom Menschen beeinflusste Landschaft sei per se artenärmer als die Natur, die ohne den *Homo sapiens* an dieser Stelle vorherrschen würde, befindet sich im Unrecht. So kann eine extensive Weide- und Landwirtschaft zu einer

Abb. 9: Natur in der Stadt: Es gibt sie noch, die naturnahen Parks in unseren Großstädten.

Artenfülle beitragen, die ein normalerweise dort vorkommender Buchenwald nicht ansatzweise vorweisen könnte. Doch leider ist eine artenreiche Ackerbegleitflora mit blauen Kornblumen, die sich mit dem Getreide im Wind wiegen, in den letzten Jahrzehnten immer seltener geworden. Die konventionelle Landwirtschaft schafft es mitunter, riesige Wüsten zu unterhalten, in denen nur eine einzige Art existieren kann. Nämlich die Kulturpflanze, die das verwendete Herbizid verträgt. Hier sollte man es eher unterlassen, Wildpflanzen zu sammeln. Es gibt aber auch Äcker, bei denen keine Gifte ausgetragen werden – in ihrer Nähe kann das Sammeln sehr lohnend sein, zumindest an den Rändern. Das Betretungsrecht der freien Landschaft schließt bestellte Äcker aus, es ist also verboten diese direkt zu betreten. Man sollte

Abb. 10: Biologisch bewirtschaftete Äcker sind im Auge zu behalten: An ihren Rändern lassen sich wahre florale Schätze finden.

Verständnis gegenüber dem wütenden Bauern aufbringen, der seine künftige Ernte zertrampelt sieht.

Wann ist es zeitlich am besten, Wildkräuter zu sammeln?

Bei einer Wildkräuterführung im Herbst war ein Teilnehmer anfangs sehr skeptisch: »Ich habe da mal eine Frage. Ich finde das hier ja schon alles interessant und so weiter. Aber wir haben Oktober – sind da nicht alle wertvollen pflanzlichen Inhaltsstoffe weg? Ich habe mal gelesen, dass man Kräuter im

Frühling sammeln soll, weil sie dann noch frisch und kräftig sind.«

Ich antwortete mit einem Satz, der, meiner Erfahrung nach, in 99 Prozent der Fälle eine gute Antwort auf eine Frage ist: »Das kommt darauf an.«

Kräutersammeln im Jahresverlauf

Richtig ist schon, dass gerade die jungen, frischen Triebe besonders angenehm zu essen sind. Sie sind äußerst zart und noch nicht derb, sodass man sie als Ganzes verwenden kann, ohne sie klein schneiden oder verkochen zu müssen. Was den Geschmack angeht – da kann man sich streiten. Manch einer mag den milden Geschmack junger Gierschblätter, für jemand anderes sind sie zu harmlos (»Da kann ich ja gleich Eisbergsalat futtern«). Die Geschmacksintensität nimmt allgemein im Lauf eines Pflanzenlebens zu, da die Produktion der dafür verantwortlichen Komponenten (Bitterstoffe, Gerbstoffe, ätherische Öle) erst einmal in Gang kommen muss. Gegen Lebensende der Pflanze nimmt sie zumeist wieder ab. Doch zum Glück kann man durch kleine Tricks (Wässern, Dünsten, Einfrieren) Einfluss auf die wahrgenommene Intensität nehmen, sodass man im Prinzip das ganze Jahr ernten kann und nicht »auf den perfekten Moment« warten muss.

Und wie sieht es bei den Inhaltsstoffen aus – nehmen diese mit der Zeit ab oder zu? Auch hier kann ich nur antworten: »Das kommt darauf an.«

Innerhalb eines Pflanzenjahrs existiert ein Zeitfenster, in dem eine Art den höchsten Gehalt eines Inhaltsstoffs aufweist. Doch so einfach ist die Sache irgendwie doch nicht. Aussagen wie »Im Frühling haben Wildkräuter die meisten Inhaltsstoffe« werden zum einen der hoch komplizierten Pflanzenphysiologie nicht gerecht, zum anderen wusste man schon lange vor Peter Wohllebens Buch *Das geheime Leben der Bäume*: Pflanzen sind auf die Umwelt reagierende Lebewesen. Ätherische Öle oder Bitterstoffe können ja manche Schädlinge abhalten, und je nach »Fraßdruck« (also je nachdem, wie stark und häufig die Pflanze angefressen wird) kann die Pflanze mal mehr, mal weniger von diesen Verbindungen produzieren. Denn schließlich kostet das Energie – und warum sollte sie viel produzieren, wenn es an diesem Ort niemanden gibt, der abgewehrt werden muss? Weiterhin hängt bei Pflanzen vieles vom Standort ab, vor allem vom Boden. An unterschiedlichen Standorten können völlig andere Konzentrationen vorhanden sein, je nach Bedarf oder Verfügbarkeit.

Zudem kommt es darauf an, wo die Stoffe eingelagert werden und zu welchem Zweck. Wurzeln sind im Herbst oft am interessantesten, da die Pflanze dann beginnt, Stoffe für den Winter zu bunkern. Bei der Wilden Möhre zum Beispiel ist die Pfahlwurzel nur im Herbst des ersten (Lebens-)Jahrs interessant, im zweiten ist sie total verholzt. Will man die Inhaltsstoffe der Früchte oder Samen nutzen, muss man auf den Spätsommer oder Herbst warten, bis diese zur Verfügung stehen.

Und wann haben die grünen Pflanzenteile die meisten Inhaltsstoffe? Gesicherte Analysen, nach wissenschaftlichen Standards ausgerichtete Untersuchungen gibt es kaum. Unabhängig davon: Zwar werden die Blätter im Spätsommer immer derber und unattraktiver, doch wer sie richtig verarbeitet, lässt sich davon nicht abschrecken.

Von Zartheit, Geschmack und Inhaltsstoffen einmal abgesehen – wann ist die beste Zeit zum Kräutersammeln?

Manche Pflanzen sind nur in einer sehr kurzen Periode im Jahr zu finden, wie zum Beispiel die bereits erwähnten Blütenpflanzen, die im Wald blühen, bevor die Bäume den Großteil des Lichts für sich beanspruchen. So ist das Scharbockskraut (*Ficaria verna*) je nach Witterung erst Anfang April zu entdecken, aber manchmal sucht man es Ende Mai schon wieder vergeblich. Das bedeutet aber nicht, dass die Pflanze »weg« ist. Einige Arten bilden Speicherwurzeln oder Rhizome (unterirdische Sprosssysteme, siehe S. 155) und stehen in den Startlöchern, um im nächsten Frühjahr wiederzukommen. Auch der Bärlauch gehört zu den Pflanzen, bei denen man sich beeilen muss. Ich nenne sie »Achschade-jetzt-habe-ich-sie-in-diesem-Jahr-wieder-verpasst-Pflanzen«. Bei ihnen macht es vor allem aus einem Grund Sinn, im Frühjahr zu sammeln – sie gibt es nur dann!

Gänseblümchen (*Bellis perennis*) oder Taubnesseln sind dagegen mitunter das gesamte Jahr (sogar blühend unter der Schneedecke!) zu finden. Ich persönlich sammele sie zu jeder Zeit, selbst auf die Gefahr hin, dass sie in manchen Monaten etwas weniger Inhaltsstoffe besitzen.

Pflanzen, die innerhalb gewisser Zeitfenster giftig sind

»Eine Freundin von mir hat im letzten Jahr Wunder-Lauch (*Allium paradoxum*) in Berlin gesammelt, als der schon geblüht hat. Ich habe ihr gesagt, dass sie das Pesto, das sie daraus gemacht hat, nicht essen darf. Der wird doch wie Bärlauch giftig nach der Blüte, oder?« Viele Menschen gehen davon aus, dass so manche Pflanze nach der Blüte giftig wird. Ich habe noch nicht ganz herausfinden können, woher dieser Aberglaube stammt, denn tatsächlich gibt es nur sehr wenige Wildkräuter, bei denen dies der Fall ist. Der Bärlauch und der Wunder-Lauch gehören definitiv nicht dazu. Beide bekommen nach der Blüte sehr schnell gelbe Blätter, sie werden derb, faserig und sind nicht mehr besonders lecker. Deshalb sollte man sie vor der Blüte sammeln oder sich nach dieser beeilen. Die äußerst seltenen Fälle, bei denen der Anstieg an schädlichen Inhaltsstoffen mit der Blütezeit zusammenfällt oder darauf folgt, sind Scharbockskraut und Waldmeister.

Tageszeit und Wetter

Nicht nur die Jahreszeit, ebenso die Tageszeit und das Wetter haben Einfluss auf den Gehalt mancher Inhaltsstoffe. Das trifft besonders auf die flüchtigen ätherischen Öle zu – wer auf sie abzielt, sollte am besten am späten Vormittag sammeln. In dieser Zeit ist die Produktion bereits in vollem Gange, es ist aber noch nicht so heiß, dass Teile durch die Mittagshitze verdampft sind. Auch der Flavonoidgehalt scheint am Vormittag bei einigen Pflanzen höher zu sein.

Der Einfluss der Tageszeit ist aber längst nicht so groß, wie oft behauptet wird. Diverse Studien zeigen, dass die tageszeitlichen Schwankungen bei ätherischen Ölen selten mehr als 20 Prozent betragen, oft ist es weniger. Für Produzenten von ätherischen Ölen macht das einen großen Unterschied, für uns Hobbysammler ist das nicht allzu sehr von Belang. War es in den vorangegangenen Tagen sehr feucht und hat es viel geregnet, ist der Wassergehalt in den Pflanzen höher und die Konzentration an Wirkstoffen somit insgesamt geringer. Auch besteht die Gefahr, dass manche Stoffe »ausgespült« wurden. Nach einer Regenperiode also am besten zwei Tage warten, bevor man zum Sammeln loszieht.

Der Auf- und Abbau von Makronährstoffen dauert in der Regel länger. Hat man es auf diese abgesehen, spielt die Tageszeit keine besonders große Rolle. Dasselbe gilt wohl für Mineralien. Eine Studie, die den Einfluss der Tageszeit auf den Vitamin-C-Gehalt von verschiedenen Pflanzen ermittelte, erkannte keinen großen Unterschied, ob sie morgens um sechs oder abends um sechs gesammelt wurden. Diese Studie ist allerdings schon sehr alt und die Analysemethoden haben sich seitdem weiterentwickelt.

Wie sammle ich am besten Wildkräuter?

Bislang haben wir besprochen, wann und wo man Wildkräuter sammelt. Bleibt die Frage, auf welche Weise man es angeht. Was die Ausrüstung beim Kräutersammeln betrifft, braucht man nicht viel. Für den Transport hat sich ein einfacher Leinen- oder Stoffbeutel bewährt, so verhindert man ein »Schwitzen« oder Welken der Wildkräuter, was bei einer Plastiktüte häufig passiert. Auch ist es sinnvoll, einen Stoffbeutel vorher nass zu machen, was gerade bei hohen Temperaturen im Sommer zur Frischhaltung der Pflanzen beiträgt. Wer das Sammelgut nicht am selben Tag verwerten kann, legt den feuchten Beutel samt Inhalt in den Kühlschrank – die Pflanzen bleiben bis zum übernächsten Tag frisch.

Manchmal lohnt es sich, ein kleines, aufklappbares Messer mitzunehmen, da sich nicht alle Wildkräuter gut per Hand abreißen lassen. Will man Wurzeln ernten, kann ein Pflanzenstecher oder eine kleine Gartenschaufel sehr hilfreich sein. Wer sich beim Brennnesselernten schützen möchte, kann sich Gummihandschuhe einpacken, wobei die Brennhaare eine Schicht Gummihandschuhe durchstoßen können. Bei zwei übereinandergezogenen Handschuhen ist man auf der sicheren Seite. Eine andere Möglichkeit ist die »Zupack-Methode« (siehe Kasten) – wer diese Technik beherrscht, merkt fast nichts von der Bewaffnung der Brennnessel.

Brennnesselsammeln mit der »Zupack-Methode«
Mit der einen Hand hält man die Brennnessel am oberen Ende fest. Die andere Hand umschließt den Stängel mit der Faust, sodass der Daumen oben ist. Nun öffnet man die anderen Finger leicht und streicht schnell und ruckartig den Stängel entlang bis zum Boden. Es ist etwas Übung notwendig, doch wer die Technik beherrscht, wird kaum gestochen, da sich die Brennhaare umlegen, bevor sie brechen.

Und natürlich sollte man sich bereits vor dem Sammeln überlegen, wie viel man eigentlich braucht und verwerten möchte, das ist eine Sache des Respekts. Man sollte nur ungefähr diese entsprechende Menge sammeln und nicht einfach drauflospflücken. Allerdings muss man ein-, zweimal Kräuter gesammelt haben, um die Mengen abschätzen zu können. Beim Dünsten fallen sie oft in sich zusammen, sodass viel weniger übrig bleibt, als man angenommen hatte.

Zudem sollte man sich den Kräuterbestand aus einer gewissen Distanz anschauen. Sind nur ein paar wenige Individuen vorhanden oder schätze ich den Bestand als groß und stabil ein? Bei einem kleinen Bestand sollte man die Pflanzen lieber stehen lassen oder nur wenige Individuen entnehmen.

Es ist erstaunlich, wie gut sich Pflanzen nach mechanischer Beschädigung regenerieren können. Wer Brennnesseln »entblättert«, tut gut daran, die Stängel nicht herauszureißen, meist können sie sich ohne Probleme erholen.

4

Gefahren und Bedenken

An manchen Tagen stehe ich vor der Herausforderung, die Teilnehmer meiner Kurse einerseits zu ermuntern, rauszugehen und sich mit Wildkräutern zu beschäftigen, und andererseits sie vor gewissen Dingen zu warnen und dabei vor unschönen Dingen nicht haltzumachen. Heute ist wieder so ein Tag.

> **Solawi**
> Die Abkürzung »Solawi« steht für eine solidarische Landwirtschaft, bei der mehrere Haushalte die Kosten für einen kleinen landwirtschaftlichen Betrieb tragen. Als Gegenleistung profitieren sie von der Ernte.

»Vogelmiere, die mag ich! Bei uns in der Nähe gibt es ein großes Maisfeld, direkt am Rand wächst ganz viel davon.« Julia, die aufgeweckte Teilnehmerin, schaut mich freudestrahlend an, und ich überlege kurz, wie ich ihr schonend beibringen kann, dass ich glaube, dass es sich dabei um keine gute Idee handelt, sie zu pflücken. Leider werden viele konventionelle Äcker so stark mit Fungiziden, Herbiziden und Insektiziden behandelt, dass diese als Sammelort in der Regel wegfallen. Schließlich wollen wir uns mit den Wildkräutern etwas

Gutes tun – belastete Nahrung könnten wir auch ohne diesen Aufwand in vielen Supermärkten erstehen.

Das ist ein weiterer Grund, warum ich kein Freund der pauschalen Aussage »Wildkräuter sind gesünder als Kulturgemüse« bin. Denn mit Sicherheit ist ein Büschel Vogelmiere am Rande eines stark belasteten Ackers gesundheitsschädlicher als ein Demeter-Kopfsalat von der kleinen Solawi von nebenan.

Nachdem ich bedauerlicherweise das freudige Strahlen von Julia mit solch unschönen Fakten weggewischt habe, möchte ich sie aber weiterhin zum Wildkräutersammeln ermuntern. Doch bevor ich dazu ansetzen kann, kratzt sich Diego am Hinterkopf und setzt nach: »Und wie ist es mit Autoabgasen und so? In Berlin würde ich deshalb nur in Parks Kräuter sammeln.« Als wäre das nicht genug gewesen, hat Diana auch noch etwas dazu beizutragen: »Im Park? Nee, da ist mir zu viel Hundepipi.«

Autoabgase und Hundeurin

Beginnen wir mal mit den Autoabgasen. Dr. Ina Säumel, Ökologin an der Technischen Universität Berlin, hat die Ergebnisse unterschiedlichster Studien zusammengetragen, die sich damit beschäftigten, inwiefern Stadtgemüse stärker mit Schwermetallen belastet ist als Supermarktgemüse. Da davon auszugehen ist, dass Wildkräuter auf ähnliche Weise Stoffe aus dem Boden und der Luft akkumulieren wie Stadtgemüse, sind die Ergebnisse meiner Meinung nach übertragbar. Dr. Säumel kam zu dem Schluss, dass man Pflanzen, die näher als zehn Meter an stark befahrenen Straßen stehen, besser nicht nutzen sollte. 67 Prozent von ihnen lägen über dem EU-Grenzwert für Blei. Interessanterweise brachte sie auch zutage, dass gewisse Gemüsesorten aus dem Supermarkt (zum Beispiel Kohlrabi) wiederum einen elfmal höheren Gehalt an bestimmten Schwermetallen im Vergleich zum in der Stadt angebauten Gemüse aufweisen. Von daher ist man nicht unbedingt auf der sicheren Seite, wenn man Zuchtgemüse verzehrt. Am besten hält man also mindestens zehn Meter Abstand von stark befahrenen Straßen.

Und wie sieht das mit dem Hundeurin aus?

»Solltet ihr eine verdreckte Wunde haben, die umgehend gereinigt werden muss, und ihr habt kein sauberes Wasser zur Verfügung, dann habe ich einen zugegebenermaßen etwas unappetitlichen Tipp für euch. Ihr tragt eine so gut wie sterile Flüssigkeit in euch herum – euren eigenen Urin!« Wenn ich diesen Satz in meinen Survivalkursen von mir gebe und in die Gesichter schaue, bin ich immer wieder überrascht, wie mannigfaltig die Mimik von Menschen ist. Und tatsächlich – wenn nicht gerade eine Harnwegsinfektion vorliegt, ist Urin halbwegs keim- und vor allem parasitenfrei. Die Filterfunktion der Niere erlaubt es Parasiten nicht, den Körper über die Harnwege zu verlassen (abgesehen von einer Ausnahme: dem exotischen Nierenwurm). Der Vollständigkeit halber sei noch erwähnt, dass man sich theoretisch über Hundeurin mit Leptospirose anstecken könnte. Bei uns stecken sich Menschen nur sehr selten damit an (ca. 40–50 Fälle pro Jahr). Die Übertragung findet fast ausnahmslos über mit Mäuse-Urin kontaminiertem Wasser statt, das RKI erwähnt keine Gefahr durch kontaminierte Wildpflanzen. Man braucht sich also vor Hundeurin nicht zu fürchten, aber selbstverständlich steht es jedem frei, sich nach Herzenslust zu ekeln. Ich persönlich finde menschliche Ausscheidungen viel unappetitlicher, weshalb ich Heckenbereiche und Wiesenränder in Parks beim Sammeln meide.

Vom Hund komme ich nun zu einem weiteren hundeartigen Tier, dem fleischgewordenen Albtraum eines jeden Beeren-, Pilz-, und Kräutersammlers, der rotbraunen Wurmschleuder der Großstadt: dem Fuchs!

Fuchsbandwurm – Reineke und seine Würmer

»Als Kind habe ich gelernt: Man darf keine Waldbeeren und Kräuter pflücken, die unterhalb des Knies liegen. Denn da hat der Fuchs draufgepinkelt, und die Fuchsbandwurmeier machen dann krank.« Erzähle ich dies in meinen Kursen, bestätigen mir meist über Dreiviertel der Teilnehmer ähnliche lebensnahe Weisheiten, die sie von Eltern oder Großeltern gehört haben. Eine Warnung wie: »Mein Kind, du solltest später auf keinen Fall Auto fahren, das ist zu gefährlich« habe ich jedoch nie zu hören bekommen, obwohl hier eine wesentlich höhere Wahrscheinlichkeit besteht, sein Leben zu verlieren. Wie viele Menschen tatsächlich jedes Jahr in Deutschland an den Folgen einer alveolären Echinokokkose (AE), wie ein Befall vom Fuchsbandwurm bezeichnet wird, sterben, lässt sich schwer sagen. Beim Autofahren hingegen wissen wir es genau – da liegt die Zahl zwischen 3000 und 4000. Jährlich erkranken rund vierzig Menschen am Fuchsbandwurm, an dessen Folgen nur ein Bruchteil zeitnah stirbt, denn die Inkubationszeit kann bis zu zehn Jahre betragen. Das ist eine sehr geringe Zahl im Vergleich zu den Hunderttausenden von Beeren-, Pilz- und Wildkräutersammlern, die es bei uns gibt. Noch ein anderer Vergleich: Jedes Jahr kommen ungefähr 140 Menschen zu Tode, weil sie von der Leiter gestürzt sind. Auch dürfte die Zahl an Menschen, die infolge eines Blitzschlags ihr Leben verlieren – acht –, die der Fuchsbandwurmtoten übersteigen. Nichtsdestotrotz ist die alveoläre Echinokokkose eine schlimme Krankheit, die dazu führt, dass man bis zu seinem Lebensende Medikamente einnehmen muss. Und durch die lange Inkubationszeit ist es beim Zeitpunkt der Diagnose meist zu spät für eine Operation mit Heilungschancen.

Sollte man also sicherheitshalber das Kräutersammeln unterlassen, obwohl die Wahrscheinlichkeit einer Fuchsbandwurm-Erkrankung sehr gering ist? Hatten unsere Eltern und Großeltern nicht vielleicht doch recht? Nein, zumindest nicht in diesem Punkt. Denn die Mär vom gefährlichen Beeren- und Kräuternaschen wird wie viele andere Mythen unhinterfragt von der einen Generation an die nächste weitergegeben. Zum einen ist die Annahme falsch, Fuchsbandwurmeier würden über den Urin ausgeschieden. Tatsächlich passiert das nur über den Kot. Und auch was den Übertragungsweg betrifft, ist man geteilter Meinung: Nicht wenige Mediziner halten mittlerweile eine orale Übertragung für sehr unwahrscheinlich. Vielmehr nehmen sie an, dass die Eier nicht über den Verdauungstrakt, sondern über die Atemwege ihren Weg in den Körper finden. Letztlich weiß man insgesamt noch zu wenig über den Übertragungsweg, einzig gewisse Risikogruppen sind bekannt. Auf der Seite der Echinokokkose-Datenbank des Universitätsklinikums Ulm, einer führenden Forschungs- und Behandlungsklinik auf diesem Gebiet, heißt es dazu: »Das Risiko für die AE ist bei der Bevölkerung im ländlichen Bereich erhöht. Landwirtschaftliche Tätigkeiten und Waldarbeiten stellen neben der Haltung von Hunden und Katzen einen weiteren wichtigen Risikofaktor dar, ebenso wie direkter Kontakt zu Füchsen im Rahmen von jagd- und forstwirtschaftlichen Tätigkeiten. Die Fuchsbandwurmerkrankung gilt als anerkannte Berufskrankheit bei Landwirten.«

Die allermeisten Menschen infizieren sich nicht an Walderdbeeren oder am Bärlauch, sondern weil sie zum Beispiel als Bauer mit dem Traktor kontaminierten Ackerstaub aufwirbeln und diesen einatmen. Hinzu kommt, dass ein Großteil von Deutschland nahezu fuchsbandwurmfrei ist, einige wenige Risikogebiete liegen in Süd- und Südwestdeutschland.

Ein weiteres Argument lieferte Sarah, eine Kursteilnehmerin, und ich finde es sehr einleuchtend: Infizierte Füchse machen natürlich auch nicht vor Gemüseäckern halt, somit sind Feldsalat und Kopfsalat vom Supermarkt genauso risikobehaftet wie Wildkräuter. Denn selbst Pestizide kommen nicht gegen den Fuchsbandwurm an, davon mal abgesehen, dass sie ja gegen Pflanzenschädlinge eingesetzt werden und nicht gegen menschliche Parasiten.

Fazit: Es ist so gut wie ausgeschlossen, sich über das Essen von Wildkräutern mit dem Fuchsbandwurm anzustecken. Wer sich unsicher ist oder in einem Risikogebiet wohnt, kann die Kräuter durcherhitzen, durch diese Behandlung werden alle vorhandenen Eier abgetötet. Das Infektionsrisiko kann man zudem stark reduzieren, indem man die Wildpflanzen gründlich wäscht. Aber das macht man ja meist ohnehin, da sie oft staubig und mit Insekten behaftet sind.

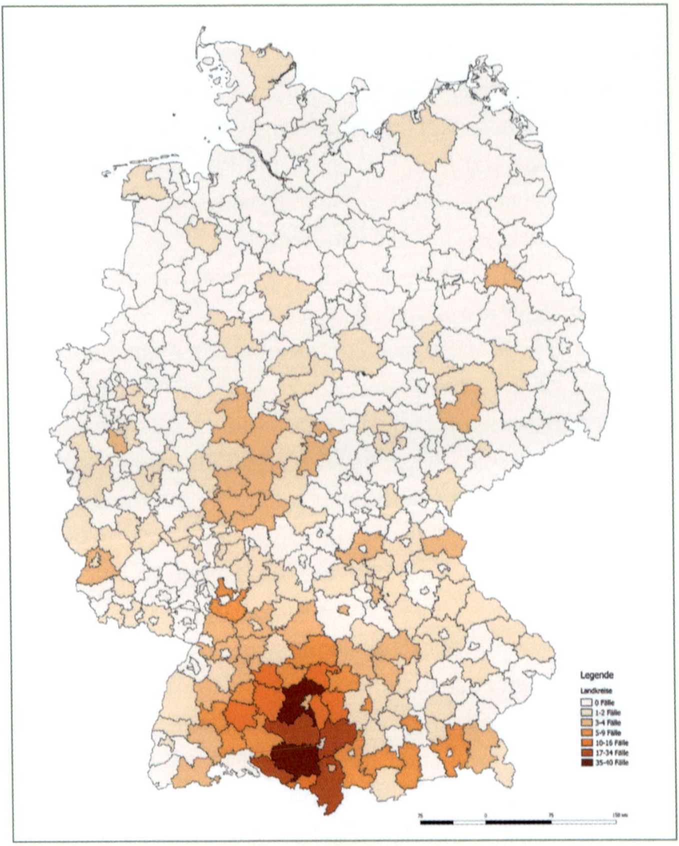

Abb. 11: Karte zur Verteilung aller zusammengenommenen Erkrankungsfälle durch alveolare Echinokokkose in Deutschland im Zeitraum 1992–2018, erstellt vom Universitätsklinikum Ulm, Zentrum für Innere Medizin.

Leberegel

Andere Parasiten, die man sich theoretisch durch den Verzehr ungekochter Wildkräuter einfangen kann, sind Leberegel. Der Große Leberegel (*Fasciola hepatica*) wird mit dem Kot von Wiederkäuern ausgeschieden und nutzt als Zwischenwirt eine Wasserschnecke. In dieser entwickeln sich die Larven weiter, verlassen sie schließlich diese und heften sich an wassernahe Pflanzen wie etwa an die Echte Brunnenkresse (*Nasturtium officinale*). Werden diese dann von ihren Endwirten – meist Schafe oder Ziegen – aufgenommen, schließt sich der Kreis. Der Kleine Leberegel (*Dicrocoelium dendriticum*) ist noch etwas ausgefuchster – über die Schnecke als Zwischenwirt wird er von Ameisen durch infizierte Schleimbällchen aufgenommen. Alles Weitere klingt nach einem Science-Fiction-Horrorfilm: Der kleine Parasit klinkt sich in das Nervensystem ein, »steuert« die Ameise auf die Spitze eines Grashalmes und wartet nun darauf, von dem Endwirt – ebenfalls ein Wiederkäuer – verspeist zu werden.

Auch wenn Menschen sich hierzulande nur selten mit Leberegeln anstecken und die Therapie in den meisten Fällen unkompliziert verläuft, kann man das Risiko minimieren, indem man keine Wildkräuter auf feuchten Weideflächen sammelt, auf denen regelmäßig Wiederkäuer stehen.

Belastete Böden

Gerade in urbanen Räumen sind Böden nicht selten belastet. Schwermetalle verbleiben mitunter viele Jahre in ihnen und werden zum Teil in den Pflanzen eingelagert. Nicht umsonst werden manche Arten genutzt, um Böden bewusst zu entgiften. Will man regelmäßig Wildkräuter in der Stadt sammeln, sollte man sich sicher sein, dass die Fläche früher nicht als Industriefläche genutzt wurde. Schwerlösliche organische Verbindungen wie Polyzyklische Aromatische Kohlenwasserstoffe (PAK) treten dort auf, wo Bahnschwellen mit in ihnen enthaltenen Teerölen imprägniert wurden. Sie sind

Abb. 12: Ehemalige Industriebrachen können stark belastet sein. Hier unterlässt man das Sammeln lieber, auch wenn sie mitunter artenreich sind.

ebenso bei alten Gaswerken zu finden. Leichtflüchtige aromatische Kohlenwasserstoffe bei ehemaligen Lackierereien und halogenierte Kohlenwasserstoffe können bei ehemaligen metallverarbeitenden Betriebsstätten bodenbelastend wirken.

Ehemalige Militär- und Munitionslager sind auch zu meiden, ebenso wie die Gelände früherer Glashütten, Holzimprägnierwerke, Müllhalden oder Rieselfelder. Hier werden noch viele Jahre nach der Nutzung regelmäßig hohe Schwermetallwerte in den im Gebiet wachsenden Wildkräutern gemessen. Je länger ein Rieselfeld nicht in Betrieb war, desto unproblematischer wird es, denn Schwermetalle werden mit der Zeit in tiefer liegende, bindende Schichten ausgewaschen. Mitunter ist es aber gar nicht so leicht, die einstige Nutzung von städtischen Grundstücken herauszufinden. Hierbei kann man sich an die Behörden und die zugeordneten Fachbereiche wenden, wobei diese in allen Städten anders gegliedert sind. Mögliche Anlaufstellen wären:

- Altlasten/Bodenschutz
- Fachbereich Umwelt
- Wasserwirtschaftsamt
- Umweltamt

Giftpflanzen

Wir stehen vor der Vierblättrigen Einbeere (*Paris quadrifolia*), einer Pflanze, die irgendwie witzig aussieht. Über den vier symmetrisch angeordneten Laubblättern steht, erhaben wie eine Königin, eine einzelne, dunkelblaue Beere.

Rosi betrachtet die Einbeere eine Weile, dann sagt sie: »Aber zeigen einem die Pflanzen nicht auch, ob sie giftig sind oder nicht? Also durch ihre Farbe oder durch einen unangenehmen Geschmack? Ich probiere Pflanzen, die ich nicht kenne, immer. Ich finde, man schmeckt, ob sie essbar sind.«

Ich muss schlucken. »Im Prinzip hast du recht«, erwidere ich und fahre fort. »Es ist sogar so, dass alle Pflanzen essbar sind.« Rosi schaut mich erstaunt an, bis ich hinzufüge: »Aber manche eben nur einmal …«

Aussagen wie die von Rosi machen etwas mit mir, sie wühlen mich regelrecht auf. Es macht mich traurig, wenn wir davon ausgehen, Pflanzen würden uns Menschen durch ihr Aussehen etwas vermitteln wollen. Dieser Gedanke ist immer noch weitverbreitet, obwohl der Höhepunkt einer solchen Vorstellung im Mittelalter lag. In dieser Zeit war die sogenannte Signaturenlehre äußerst populär, so untermauerte sie die Bedeutung des Menschen, dass alles auf ihn zentriert ist. Doch wir sind nicht das Zentrum des Universums, wir sind nur eine Tierart von vielen. Und was die Evolution bei Wildpflanzen betrifft, sind wir ziemlich unwichtig. Die Pflanzen (wie die Natur insgesamt) kommen ohne uns Menschen aus, wir Menschen sind aber auf diese zum Überleben angewiesen.

Um noch bei der Farbe von Beeren zu bleiben: Die Beeren von Maiglöckchen sind nicht rot, um uns zu warnen, sondern um attraktiv für diejenigen Tiere zu sein, die sie gefälligst fressen und verbreiten sollen: Vögel. Man muss auch bedenken – die Welt ist nicht so, wie wir sie betrachten, denn jede Tierart nimmt die Welt anders wahr. Manche Tiere haben völlig andere Farbspektren, so sehen viele Bestäuber in einigen »einfarbigen« Blüten komplexe UV-Zeichnungen. Einige Beeren haben für uns ein langweiliges Dunkelblau, für bestimmte Vögel leuchten sie außerordentlich stark.

Signaturenlehre
Bereits im Altertum war man der Überzeugung, Pflanzen würden durch ihr Aussehen anzeigen, welche Dienste sie uns Menschen leisten können. Diese anthropozentrische Denkweise war später im Mittelalter sehr verbreitet und spielte der Kirche in die Hände – wurde so die Menschheit in das Zentrum des Universums gestellt. Bohnen galten ihrer Form wegen als gut gegen Nierenleiden, gelber Pflanzensaft half bei Gelbsucht. In manchen Fällen traf dann die abgeleitete Wirkung auch tatsächlich zu, was allein rein statistisch zu erwarten ist. So etwa bei der Demenz abbremsenden Wirkung von Walnüssen, die Ähnlichkeit mit einem Gehirn haben.

Es gibt viele Beispiele, die der Theorie, Pflanzen würden uns Menschen »warnen« wollen, widersprechen: Warum ist die Tollkirschenfrucht nicht stark gefärbt und sogar süßlich, wenn sie für uns doch tödlich ist? Warum sind manche Kirschen-Arten auffällig rötlich, obwohl sie für uns essbar sind? Warum haben die sogar roh essbaren Früchte des Weißdorns eine rote »Signalfarbe«?

Doch eine solche Sichtweise ist nicht nur auf philosophischer Ebene zu hinterfragen, sie kann schlichtweg gefährlich sein, wenn man ihr unbedarft folgt. Eine der Faustregeln bei jeder meiner Kräuterwanderungen lautet: »Niemals Pflanzen essen, wenn ihr nicht zu hundert Prozent überzeugt seid, um welche es sich handelt!«

Auch wenn die Anzahl der tatsächlichen Vergiftungsfälle mit Wildpflanzen oft viel höher angegeben wird, als es Studien zeigen, sollte man nicht zu leichtfertig damit umgehen. Rund zehn Prozent der bei den Giftnotrufzentralen gemeldeten Fälle gehen auf Pflanzen zurück, und eine Untersuchung aus dem Jahr 2017 lieferte sogar genaue Zahlen: Zwischen 1997 und 2013 gab es 42 344 »unbeabsichtigte Expositionen« mit Wild- und Gartenpflanzen. Davon haben knapp 8,4 Prozent zu mindestens leichten Vergiftungen geführt. Zu erwähnen ist, dass nicht alle Vergiftungsfälle zu einem Anruf oder einer Meldung bei einer der Giftnotrufzentralen führen, von daher dürfte die tatsächliche Zahl höher liegen.

Die Frage »Woran erkenne ich Giftpflanzen?« ist in Interviews meine absolute Lieblingsfrage. Meine scherzhafte Antwort: »Giftpflanzen zu erkennen, ist ganz einfach, das kann jeder Laie. Man zerreibt einfach ein Blatt und schaut sich den Pflanzensaft auf dem Handrücken an. Wird dieser mit der Zeit grün, ist die Pflanze essbar. Verfärbt sich der Saft rot, heißt es ›Aufpassen!‹, denn dann liegt eine Giftpflanze vor.« Um gleich darauf hinzuzufügen, bevor es zu Missverständnissen kommt: »Das war nur ein Scherz! Leider kann man Giftpflanzen nicht anhand einfacher Merkmale bestimmen. Man kommt nicht daran vorbei, sich ausgiebiger mit ihnen zu beschäftigen.«

Auch wenn es keine einfachen Erkennungsmerkmale für Giftpflanzen gibt, habe ich ein paar Faustregeln parat:

1. Pflanzen mit auffälligem Milchsaft sind oft giftig.
Natürlich gibt es hier ebenfalls Ausnahmen, wie den Löwenzahn oder andere Korbblütler. Sehr oft trifft das aber zu, wie beim Schöllkraut und anderen Mohngewächsen oder den Wolfsmilchgewächsen. Also: Lieber eine Pflanze stehen lassen, als eine giftige einpacken. Aber Achtung! Der Umkehrschluss funktioniert nicht – nur weil eine Pflanze keinen auffälligen Milchsaft hat, ist sie noch lange nicht ungiftig!

2. Kletternde Pflanzen sind nicht selten giftig
Ausnahmen wie Windenknöterich oder Hopfen bestätigen die Regel. Aber einige Giftpflanzen nutzen andere Pflanzen, um sich der Sonne näher zu bringen, darunter Acker- und Zaunwinde, Zaunrübe, Waldrebe, Efeu und Bittersüßer Nachtschatten.

3. Pflanzen mit vielen kleinen weißen Blüten sind für Anfänger tabu
Absolute Anfänger sollten keine Pflanzen mit vielen kleinen weißen Blüten sammeln. Denn einige Vertreter der Doldenblütler sind sehr giftig und schwer von essbaren Arten zu unterscheiden. Es ist sehr viel Erfahrung nötig, um sich bei ihnen zurechtzufinden. Bei näherer Betrachtung der Merkmale erkennt man etwa, dass die Schafgarbe (*Achillea millefolium*) zwar eine Pflanze mit vielen kleinen weißen Blüten ist, aber kein Doldenblütler. Auf S. 168 wird näher auf den Blütenstandstyp der Doldenblütler eingegangen.

Die Sache mit der Dosis

Im 1538 erschienenen Werk *Septem Defensiones* findet sich ein Satz des Schweizer Arztes und Alchemisten Philippus Theophrastus Aureolus Bombast von Hohenheim, genannt Paracelsus, der zu den meist zitierten Sätzen in der Naturheilkunde gehört: »Alle Dinge sind Gift, und nichts ist ohne Gift; allein die Dosis machts, dass ein Ding kein Gift sei.«

Das passt auch gut, wenn es darum geht, zu definieren, was ein Gift ist. Gift wird als eine Substanz angesehen, die Lebewesen ab einer bestimmten Dosis Schaden zufügen kann. Streng genommen gehören nach dieser Definition fast alle Lebensmittel in diese Kategorie. So kann man sich durch das Trinken von zu viel Wasser stark schaden, da der Salzhaushalt gestört wird – hier gab es sogar schon Todesfälle. Vitamine sind ebenfalls Substanzen, die erst einmal niemand als Gift bezeichnen würde. Eine starke Überversorgung (Hypervitaminose) kann im Extremfall aber tödlich enden.

Also hat der Satz von Paracelsus bis heute seine Berechtigung: Die Dosierung entscheidet darüber, ob ein Stoff eine toxische Wirkung auf einen Organismus hat oder nicht. Wenn es also auf die Dosis ankommt – ist es dann nicht so, dass es eigentlich gar keine Giftpflanzen gibt?

Tatsache ist, dass die meisten Giftpflanzen gleichzeitig auch Heilpflanzen sind. Sie sind Gift und Medizin in einem. So ist der Rote Fingerhut in hoher Dosierung extrem giftig, bis ein englischer Arzt im 18. Jahrhundert herausfand, dass die Wirkstoffe der Pflanze in einer bestimmten Konzentration zur Behandlung von Herzleiden (Herzinsuffizienz und Herzrhythmusstörungen) sehr nützlich sind und fortan eingesetzt wurde und wird. Anfangs gab es noch zahlreiche Vergiftungsfälle im Rahmen der Therapie, denn die Dosis muss gut abgestimmt sein. Inzwischen werden Ersatzpräparate genommen, dennoch kommen Fingerhutarzneien (Digitalis) immer noch zum Einsatz. Zudem können einzelne Komponenten isoliert und mittels labortechnischer Methoden ganz genau dosiert werden. Eine Selbstbehandlung wäre hier viel zu gefährlich.

Nicht wenige Menschen aus »Wildkräuterkreisen« plädieren deshalb dafür, den Begriff »Giftpflanzen« aus den eben genannten Gründen ganz zu streichen. Natürlich vereinfacht man mit seiner Verwendung einen komplexen Sachverhalt, indem man ein duales System benutzt: gut und böse, essbar und giftig. Aber gerade in dieser Simplifizierung liegt eine große Stärke. Es existieren nun einmal Pflanzen, die bereits in sehr geringer Konzentration schädlich wirken können. Mit dem »Label« Giftpflanze können Wildkräuterinteressierte schneller unterscheiden, welche Pflanzen sie sammeln können und welche sie stehen lassen sollten – ohne jahrzehntelanges (Selbst-)Studium.

Dadurch, dass laut Definition die Dosis darüber entscheidet, ob ein Inhaltsstoff als giftig bezeichnet wird, gibt es naturgemäß recht breite Übergangsbereiche. Letztlich wird diese Grenze von Wissenschaftlern wie Toxikologen festgelegt. Wer mehr über Giftpflanzen und deren Inhaltsstoffe erfahren möchte, dem empfehle ich ein Standardwerk von Lutz Roth: *Giftpflanzen – Pflanzengifte*.

Die fünf Kategorien der Verwendbarkeit

Doch auch wir selbst sollten die Einteilung in »essbar« und »giftig« aufbrechen und Wildkräuter besser in fünf Kategorien einteilen, denn es gibt noch eine Menge »dazwischen«:

1. Wildpflanzen, die regelmäßig und zudem in größeren Mengen verwendet werden können, ohne dass Schädigungen zu erwarten sind. Besonderheiten wie Alter und Vorerkrankungen des Konsumierenden müssen natürlich hier berücksichtigt werden. Zu dieser Kategorie zählen Vogelmiere, Brennnessel oder Giersch.
2. »Neutrale« Wildkräuter. Diese Pflanzen sind zwar unbedenklich, haben aber keinen besonderen Nährwert für uns und bieten kein Geschmackserlebnis. Dazu gehören die meisten Blätter von Laubbäumen oder Gräser.
3. Wildpflanzen, deren Inhaltsstoffe zumeist die Heilwirkung oder den besonderen Geschmack ausmachen und die in größeren Mengen, zu häufig oder falsch verwendet unmittelbar schädlich wirken können. In diese Kategorie fallen zum Beispiel Echte Nelkenwurz (*Geum urbanum*) oder Sauerampfer.
4. Wildpflanzen, die im Verdacht stehen, Langzeitschäden zu verursachen. Ein einmaliger Konsum wird selten unmittelbar zu Vergiftungserscheinungen führen, langfristig gesehen können sie aber tumorbildend oder leberschädigend wirken. Viele Borretschgewächse oder die Greiskräuter seien hier genannt.
5. Wildpflanzen, die in geringen Mengen giftig wirken, bezeichnen wir als Giftpflanzen und sollten nicht verwendet werden, etwa Maiglöckchen oder Herbstzeitlose.

Gefährliche Geruchstests

Ein paar Tage nachdem ich im Radio ein Interview zum Thema »Essbare Wildkräuter« gegeben hatte, erreichte mich eine E-Mail einer Frau, die unsicher war, was die Verwechslungsmöglichkeiten bei Bärlauch und Co. betraf. Im Anhang befand sich ein unscharfes Foto von einigen Pflanzenteilen, mit dem sie ein Bärlauchpesto zubereiten wollte, als sie mich schwafeln hörte. Sie legte aber mittendrin das Messer weg und schaute sich die Bestimmungsbilder in einem Pflanzenführer an. Ihrer Meinung nach hätten die Blätter ganz nach Bärlauch ausgesehen, außerdem hätten sie ja nach Bärlauch gerochen. Sei das denn nicht das ultimative Unterscheidungsmerkmal? Schließlich würde Bärlauch ja intensiv nach Knoblauch riechen …

Als ich das verschwommene Foto sah, griff ich sofort zum Telefon und rief die Nummer an, die in der Signatur stand. Ich atmete auf, als sich eine ältere Dame quicklebendig meldete. Sie hätte, wie sie mir versicherte, das Pesto zwar zubereitet, aber noch nicht verschenkt oder selbst gegessen.

Ich atmete erleichtert auf. Unglücklicherweise kann es vorkommen, dass sich das giftige Maiglöckchen (*Convallaria majalis*) den Lebensraum mit dem leckeren Bärlauch teilt. Und so hatte die wildkräuterinteressierte Dame, ohne es zu wissen beide Pflanzenarten gesammelt und in einem Korb nach Hause getragen. Um sich zu vergewissern, hatte sie ein Bärlauchblatt erwischt und zerrieben. So war sie sich sicher, Bärlauch vor sich zu haben. Doch sein intensiver Geruch bleibt an den Fingern hängen, sodass auch alle anderen Blätter, die man im Anschluss in den Händen hält, danach riechen – obwohl die von Maiglöckchen an sich geruchlos sind. Die Giftigkeit von Maiglöckchen ist umstritten und reicht von leicht bis stark giftig – sicherheitshalber würde ich von Letzterem ausgehen. Vor allem deshalb, weil es sich bei den Giftstoffen um herzwirksame Glycoside handelt – Herzrhythmusstörungen, Vorhof- und Kammerflimmern machen wirklich keinen Spaß.

Noch gefährlichere Geschmackstests

Früher interessierte ich mich für Wildkräuter hauptsächlich aus einem Grund: Sie füllen den Bauch und sind überall zu finden. Bereits während meiner ersten Survivaltrips, bei denen ich mich nur aus der Natur ernährte, fand ich Pflanzen, die mir als essbar bekannt waren: Brennnesseln, Löwenzahn, Haselnüsse. Ich hatte den Schrank voller Survivalliteratur und war schon damals erstaunt, wie stiefmütterlich das wichtige Thema »Pflanzliche Notnahrung« in den allermeisten Büchern behandelt wurde. Die sogenannten Geschmackstests, welche in vielen von ihnen vorgestellt wurden, machten mich schon damals stutzig.

Die Idee dabei ist folgende: Man probiert ein Stück einer unbekannten Pflanze und erkundet den Geschmack – schmeckt sie auffällig scharf, bitter, unangenehm? Dann wartet man eine gewisse Zeit ab und beobachtet sich selbst. Reagiert mein Körper darauf? Wird mir schwindlig oder übel? Werde ich benommen? Falls keine Reaktion eintritt, nehme ich eine mittelgroße Menge zu mir und gehe so vor wie zu Beginn. Habe ich am nächsten Morgen keinerlei Beschwerden, kann ich die Pflanze getrost als essbar einstufen und voll reinhauen.

Diese Geschmackstests sind meiner Meinung nach sehr gefährlich. Ich würde mich hüten, sie in einem Buch zu empfehlen (selbst wenn ich von einer Berechtigung überzeugt wäre). Das Problem ist, dass bereits geringe Mengen hochgiftiger Pflanzenteile problematisch sein können. So liegt zum Beispiel die letale Dosis von Aconitin bei circa zwei Milligramm – in den Wurzeln des Blauen Eisenhuts (*Aconitum napellus*) kann allein ein Gramm enthalten sein.

Was bei diesen Tests auch außer Acht gelassen wird, ist die Latenz, die Zeitverzögerung zwischen Ursache und Wirkung. Manche Vergiftungssymptome zeigen sich nämlich erst nach vielen Stunden, andere sogar erst nach mehreren Tagen. Das hochgiftige Colchicin, welches in der Herbstzeitlosen (*Colchicum autumnale*) steckt, kann zum Teil erst nach zweiundsiebzig Stunden typische Symptome wie Atembeschwerden oder Krampfanfälle auslösen.

Der Sean-Penn-Film *Into the Wild – Die Geschichte eines Aussteigers* basiert auf der wahren Geschichte von Christopher McCandless, auch Alex Supertramp genannt, der in Alaska bei den Wildkräutern danebengriff und starb. Christopher McCandless verlor sein Leben aber nur im Film durch eine akute Vergiftung. Stattdessen wird davon ausgegangen, dass er sich über viele Wochen eine Krankheit namens Lathyrismus zugezogen hat, eine langsame Vergiftung durch den dauerhaften Verzehr von Alpen-Süßklee *(Hedysarum hedysaroides)*. Die dadurch ausgelösten Lähmungserscheinungen waren neben geringem Jagderfolg für seinen Hungertod verantwortlich.

Ich bin immer wieder erstaunt darüber, wie mutig (oder blauäugig) manche Menschen sich unbekannte Wildkräuter einverleiben. Aus diesem Grund vermeide ich es mittlerweile, in Pflanzenbestimmungsforen (insbesondere auf Facebook) präsent zu sein. Wie oft habe ich schon die Hände über dem Kopf zusammengeschlagen und auf einen Aprilscherz gehofft bei Posts wie: »Ich habe diese Pflanze im Wald gefunden. Die Beeren schmecken bitter und etwas nach Trauben. Hat jemand eine Ahnung, was das sein könnte?« Ja, das hatte ich: Es war eine giftige Weiße Zaunrübe (*Bryonia alba*).

Was Tieren schmeckt, ist für uns auch gesund?

»Ah, das kenne ich! Meine Meerschweinchen lieben das, also habe ich das mal probiert. Schmeckt gar nicht so schlecht.« Es ist ein lauer Frühlingstag, und ich stehe mit einer Gruppe Wildkräuterinteressierter auf Brandenburger Grünland. Ich halte ein mehrfach gefiedertes Blatt in meiner Hand und zeige es herum.

Blattfieder
Von »Blattfiedern« spricht der Botaniker, wenn ein Laubblatt aus mehreren Teilblättern zusammengesetzt ist. Dabei hat sich das Blatt im Lauf der Evolution in mehrere Einzelblätter aufgeteilt.

»In diesem Fall ist es kein Problem, dass du es probiert hast«, erwidere ich, »denn es handelt sich um die für uns essbare Wilde Möhre. Doch prinzipiell ist es keine gute Idee, Tiere als Vorbilder bei der Wahl von Wildkräutern zu nehmen.«

Doch was ist der Grund? Schließlich sind wir ja ebenfalls Tiere, und was andere Tiere fressen, kann für uns nicht schädlich sein, oder?

Einerseits freut mich dieser bei Führungen regelmäßig aufkommende Gedanke, denn er zeigt mir, dass sich doch nicht wenige Menschen als Teil der Natur betrachten. Dennoch: In diesem Fall kann ein solcher Vergleich auch mal ungut enden. So liebt die Raupe des Wolfsmilchschwärmers die für uns stark giftigen Wolfsmilchgewächse, und Schnecken machen vor der giftigen und halluzinogenen Engelstrompete nicht halt. Nun, hier könnte man noch das Argument der sehr fernen Verwandtschaft von Schnecken, Insekten und Menschen ins Feld führen. Doch Beispiele finden sich selbst bei uns näher verwandten Tieren: Vögel fressen ohne Probleme Maiglöckchenbeeren, Ziegen können kiloweise Herbstzeitlose verdrücken, und Wiederkäuer vertragen extrem große Mengen an Eibennadeln. Hasen und Kaninchen lieben die Rinde der Robinie (*Robinia pseudoacacia*) – aber ein 800 Kilo schweres Pferd kann bereits ein paar Hundert Gramm davon umbringen. Dass die Regel »Was das eine Tier fressen kann, schadet den anderen nicht« nicht stimmen kann, lässt sich auch daran erahnen: Hunde können daran sterben, wenn sie drei Tafeln Schokolade verschlingen, wohingegen ich ein paar Menschen kenne, bei denen das »dunkle Gold« zeitweise die Ernährungsgrundlage bildet …

Von unkomplizierten und schwierigen Familien

Eine meiner größeren Wildkräuter-Routen im Norden von Berlin führt den ehemaligen Mauerweg entlang, danach durch ein angrenzendes Naturschutzgebiet und endet nach ungefähr sieben Kilometern am Ausgangspunkt. Dabei lernen wir mehrere Arten einer Pflanzengruppe kennen, die ich als »schwierige Familie« bezeichne. (Hinweis: Was »Arten« und »Familien« sind, wird auf S. 130 beschrieben.)

»Wir haben bis drei Arten aus der Familie der Doldenblütler kennengelernt, erinnert ihr euch?«, frage ich irgendwann unterwegs. »Wisst ihr noch, welche das waren?«

Sämtliche Teilnehmer der großen Wildkräuterexkursion beginnen dann zu grübeln und werfen ein: »Die Wilde Möhre.« Oder: »Irgendwas mit Kropf … Kälberkropf!« Oder: »Ackerkerbel … Nein, Wiesenkerbel«.

»Voll gut!«, lobe ich und fahre etwas hinterlistig fort: »Und welche Art ist das hier?« Ich zeige auf eine mannshohe Pflanze mit vielen kleinen weißen Blüten, die die Gruppe schon als Doldengewächs ausgemacht hat.

»Das ist der Kerbel!« Sören ist sich sicher und erhält Zustimmung von einem großen Teil der Gruppe.

»Stimmt, die Blätter sehen genauso aus«, pflichtet ihm Tamara bei.

»Essbar?«, frage ich nach.

»Auf jeden Fall, der war doch auch in der Frankfurter Grünen Soße drin, oder?«, antwortet Tamara.

»Würdest du zwei Blätter dieser Pflanze mit in die Soße geben, wäre es eher eine ›Friedhofener‹ Grüne Soße …« Noch während ich es ausspreche, schäme ich mich ein wenig für den Kalauer. »Das hier ist kein Kerbel, sondern eine der giftigsten Wildpflanzen Mitteleuropas – der Gefleckte Schierling!«

Eine Verwechslung kann hier unter Umständen tödlich enden. Bei den Kräuterwanderungen erzähle ich in diesem Moment immer eine kleine Anekdote: »Eine Bekannte las einmal, dass man aus Fichtennadeln einen Tee zubereiten könne. Und die frischen Triebspitzen von Fichten oder Douglasien sind auch wirklich sehr lecker, vor allem wenn man sie kurz als Tee aufbrüht. Also schnappte sie sich im Park ein paar Nadeln und kaute beim Flanieren in der Sonne fröhlich darauf herum. Nach einer halben Stunde wurde ihr jedoch ganz komisch. Die Sonne begann sie stark zu blenden, da sich ihre Pupillen weiteten. Im Bauch rumorte es. Schließlich musste sie sich übergeben und wurde ins Krankenhaus eingeliefert, wo ihr der Magen ausgepumpt wurde. Vier Tage lang wurde sie auf der Intensivstation beobachtet. Was war passiert? Sie hatte keine Fichtennadeln gekaut, sondern Nadeln der stark giftigen Eibe. Sie hatte noch Glück im Unglück – bereits vierzig Nadeln gelten als tödlich für einen erwachsenen Menschen.«

Ich will mit dieser Geschichte keine Ängste schüren, denn meine Motivation ist es, Menschen für unsere heimische Flora zu begeistern. Aber man muss die Gefahren, die von Wildpflanzen ausgehen können, realistisch einschätzen. Ein Herunterspielen wäre grob fahrlässig. Auch wenn die allermeisten Arten bei uns ungiftig sind, gibt es ein paar äußerst giftige Pflanzen, und das sollte man auf dem Schirm haben, will man sie regelmäßig sammeln und verzehren.

Eine Familie, die mehrere giftige Arten aufweist, sind eben die Doldenblütler (Apiaceae), zu denen viele Kulturpflanzen gehören, darunter Möhre, Pastinake, Kümmel, Fenchel, Petersilie, Koriander und Sellerie. Was diese Familie so »schwierig« macht, ist die Tatsache, dass die Unterscheidungsmerkmale für den Laien nicht einfach zu erkennen sind. Mitunter haben selbst Profis Probleme damit, vor allem, wenn noch keine für die Bestimmung oft notwendigen Früchte vorhanden sind. Für Anfänger ist diese Familie tabu, die Verwechslungsgefahr mit den tödlich-giftigen Schierlings-Arten ist einfach zu groß. Zumal gerade der Gefleckte Schierling (*Conium maculatum*) im urbanen Raum nicht gerade selten anzutreffen ist. Eine Art dieser Familie, die ein sehr gutes Wild-Küchenkraut ergibt, hat eine einmalige Merkmalskombination: der Giersch (*Aegopodium podagraria*). Später werde ich näher auf die sogenannte »Dreierregel« eingehen, sodass man hier sicher sein kann, nicht einen giftigen Verwechslungspartner des Giersches zu erwischen.

Abb. 13: Ein essbarer Vertreter der Doldenblütler: die Wilde Möhre (*Daucus carota subsp. carota*).

Abb. 14: Eine der giftigsten Pflanzen Europas gehört ebenfalls zu den Doldenblütlern: der Gefleckte Schierling.

Abb. 15: Der Wiesenkerbel ist von Laien kaum vom hochgiftigen Gefleckten Schierling zu unterscheiden. Eine Verwechslung kann tödlich enden.

Es gibt jedoch auch Familien, bei denen muss man die Pflanze nicht bis zur Art bestimmen, um sie essen zu können, da sie keine giftigen Vertreter haben, die bei uns heimisch sind. In anderen Teilen der Welt gibt es sehr wohl giftige Vertreter, weshalb Pflanzen in Parks, Gärten und verwilderte Arten der folgenden Familien demnach giftig sein können. Zu den ansonsten »sicheren« Familien (krautige Pflanzen) gehören die Malvengewächse, Fuchsschwanzgewächse, Rosengewächse, die allermeisten Lippenblütler sowie Brennnesselgewächse.

Pyrrolizidinalkaloide

Wir stehen vor einer Gruppe Pflanzen mit tellerartigen, leuchtend gelben Blüten. Bis auf die winzigen, am Stiel anliegenden Blättchen scheint die Pflanze keine Laubblätter zu haben.

»Der Huflattich heißt im Englischen ›Son Before Father‹. Ziemlich treffend, denn die Laubblätter kommen – und das ist schon ungewöhnlich – erst nach den Blüten!«

»Ich glaube, ich kenne das«, sagt Svenja. »Gibt es da nicht so einen Tee, den Hildegard von Bingen empfohlen hat, diese Äbtissin aus dem Mittelalter?«, fragt Svenja.

»Stimmt«, meint auch Timo. »War das nicht so ein Stärkungstee für Schwangere?«

Kaum ein anderes Thema wird in »Wildkräuterkreisen« so heftig und emotional diskutiert wie die Verwendbarkeit von Wildpflanzen, die diese kaum aussprechbare Stoffgruppe in sich tragen: Pyrrolizidinalkaloide (PA). So gibt es gar Meldungen über Vergiftungen bis hin zu Todesfällen von Neugeborenen, deren Mütter PA-haltige Tees während der Schwangerschaft getrunken haben. Andererseits werden diese Pflanzen jedoch schon seit vielen Hundert Jahren regelmäßig verwendet.

PAs schmecken wie die meisten Alkaloide bitter und werden von einigen Pflanzenarten produziert, um Fressfeinde abzuhalten. Besonders betroffen sind die Borretschgewächse und Korbblütler. Für viele Weidetierbesitzer und Bauern ist diese Stoffgruppe ein großes Thema, denn es gibt zahlreiche Fälle von schweren Vergiftungen, die zum Teil mit dem Tod des Nutztieres endeten. Zwar können die meisten Pflanzenfresser Pyrrolizidinalkaloide riechen und unterlassen es auch, Pflanzen mit diesen Stoffen zu fressen. Problematisch wird es, wenn sie im getrockneten Zustand im Heu vorkommen, denn dann können die Tiere die Gefahr nicht mehr erschnuppern. Obwohl die Datenlage bislang noch etwas dünn ist, gilt es als wahrscheinlich, dass PAs beim Menschen zu Leberschädigungen führen können. Der berühmte Satz von Paracelsus, dass die Dosis das Gift macht, gilt auch hier, und ich würde ihn mit dem Hinweis auf den Einnahmezeitraum ergänzen: Dosis und Einnahmedauer machen das Gift.

Zwar kann eine einmalig aufgenommene Menge einen akuten Schaden anrichten (Schädigung des Zentralnervensystems), dabei wäre die nötige Aufnahmemenge an PA-haltigen Pflanzen allerdings sehr hoch, sodass sie in der Regel nur bei (Klein-)Kindern zu Vergiftungen führt. Das könnte unter anderem daran liegen, dass die Entgiftungsmechanismen bei diesen Stoffen bei ihnen noch unzureichend funktionieren.

Jedenfalls geht die größere Gefahr nicht von einmaligen Aufnahmen aus, sondern von dauerhaften. Einige Kräuterkundler und Autoren spielen die Gefahr durch PA herunter und verleugnen sie, demgegenüber stehen über 6000 Fälle von Vergiftungen, die meisten ereigneten sich in Afrika, dem Nahen Osten und Indien. Fairerweise muss man aber auch sagen, dass diese Fälle nicht besonders gut dokumentiert wurden. In Mexiko und den USA gab es aber zwei gut dokumentierte Fälle von Kleinkindern, deren Tod direkt mit dem mehrwöchigen Konsum PA-haltiger Tees in Verbindung gebracht werden konnte. Außerdem können die Aus-

Abb. 16: Greiskräuter sind zwar nicht akut giftig, jedoch sind mögliche Leberschädigungen und ein erhöhtes Krebsrisiko durch regelmäßigen Konsum zu bedenken.

wirkungen erst Jahre später zutage treten. Doch wer erinnert sich bei einem Lebervenenverschluss noch daran, dass er vor Jahren eine mehrwöchige Fastenkur mit Beinwelltee gemacht hat und bringt es damit in Verbindung?

Übrigens können PA nicht nur in Pflanzen nachgewiesen werden, regelmäßig werden belasteter Honig und sogar Eier von Hühnern entdeckt, die mit Samen von Risikopflanzen gefüttert wurden. Zum Gesamtrisiko erklärt das Bundesamt für Risikobewertung (BfR): »Unter Berücksichtigung aller bisher vorliegenden Daten kommt das BfR zu dem Schluss, dass die Gesamtexposition des Verbrauchers mit gentoxischen und karzinogen wirkenden 1,2-ungesättigten Pyrrolizidinalkaloiden aus verschiedenen Lebensmitteln so niedrig wie möglich zu halten ist.«

Wer sich alle Jubeljahre mal einen Beinwelltee oder einen Huflattichsalat gönnt, wird nicht an Leberversagen oder Krebs sterben. Ich persönlich nehme PA-haltige Wildkräuter aber nicht zu mir, schließlich will ich mich bewusst und gesund ernähren. Und die Vielfalt an Wildpflanzen zeigt mir, dass es keine Notwendigkeit gibt, ebendiese zu sammeln. Wenn ich Lust auf Ungesundes habe, greife ich lieber zu einer Packung Chips.

Folgende Wildkräuter mit hohen PA-Mengen sollten vermieden werden, darunter sind auch ein paar Arten, die für Kräutermischungen angebaut werden. Je nach Zucht sind diese PA-frei, am besten erkundigt man sich vorher beim Händler oder Erzeuger:

- Greiskräuter (*Senecio sp.*)
- Huflattich (*Tussilago farfara*)
- Pestwurz (*Petasites sp.*)
- Viele Borretschgewächse (Boraginaceaen) wie Beinwell (*Symphytum sp.*), Borretsch (*Borago officinalis*), Echter Natternkopf (*Echium vulgare*) oder Vergissmeinnicht (*Myosotis sp.*)

Was Hildegard nicht wissen konnte

»Ich besitze zu Hause ein Buch von Hildegard von Bingen, in ihm empfiehlt sie aber Huflattichtee bei Husten und Asthma. Wenn es damals nicht geschadet hat, warum soll man dann heute darauf verzichten? Sie war ja schließlich die Expertin schlechthin.«

Das mit der Expertin stimmt: Die Benediktinerin Hildegard von Bingen (1098–1179) war eine begnadete Botanikerin und Heilkundlerin (neben vielen anderen Talenten). Ihre besondere Beobachtungsgabe half ihr dabei, einzelne Pflanzenarten zu unterscheiden, die Zeitgenossen für dieselbe Art hielten. Sie trug einen riesigen Wissensschatz über Wildkräuter und ihre Heilwirkung zusammen und hielt ihn in ihren Schriften *Physica* (»Naturkunde«) und *Causae et curae* (»Heilkunde«) fest. Spätestens seit den 1990ern waren Hildegards Schriften und Lehren nicht nur Theologen und Ethnobotanikern bekannt, sondern sie fand mit ihrem alten, geerdeten Wissen vor allem in esoterischen Kreisen eine Menge Interessenten. Als die heilige Hildegard 2012 von Papst Benedikt XVI. zur Kirchenlehrerin erhoben wurde, war ein Bingen-Hype bereits in vollem Gange, unzählige Neuauflagen ihrer Werke sind in den letzten Jahren erschienen. Dabei ist die Zielgruppe längst nicht mehr auf den Bereich Esoterik begrenzt.

Doch kann man ihre Empfehlungen heute eins zu eins übernehmen? Kritiker, die sich gegen eine heutige Anwendung der Kräutermischungen nach Bingen aussprechen, bringen ins Feld, dass die Lebenserwartung der Menschen im Mittelalter bei knapp vierzig Jahren lag und sie deshalb keine Spätfolgen ausbilden konnten. Demnach hatten schädliche Einflüsse durch manche Heilkräuter nicht genug Zeit gehabt, sich zu entwickeln – der Konsument segnete einfach vorher das Zeitliche.

Dass das heute gängige Bild vom düsteren und vom Tode beherrschten Mittelalter nicht unbedingt der Lebensrealität der Menschen in dieser Zeit entspricht, ist bekannt. Doch auch über die damalige Lebenserwartung hat man heute wohl zum Teil ein falsches Bild. Tatsache ist, dass die Quellenlage nicht besonders gut ist. Vermutlich zieht die hohe Kindersterblichkeit im Mittelalter (bis zu 40 Prozent) den Altersdurchschnitt ganz schön runter, wahrscheinlich wurden viele Menschen im Schnitt kaum älter als vierzig. Wer dieses Alter schaffte, hatte keine schlechten Chancen, über fünfzig zu werden. Viele bekannte Persönlichkeiten, darunter von Bingen selbst, wurden weit über achtzig. Wenn Menschen also doch älter wurden und sich Spätfolgen ausbilden konnten – hätte eine Gelehrte wie von Bingen das nicht erkannt und davor gewarnt?

Hildegard von Bingen selbst konnte viele Dinge einfach noch nicht wissen. Die Medizin hatte im Vergleich zur Antike aufgrund des großen Einflusses der Kirche eher Rückschritte gemacht, und es sollte noch fast tausend Jahre dauern, bis man die Grundzüge der physiologischen Vorgänge im menschlichen Körper verstand. Starb ein Kind kurz nach der Geburt, zog man sicherlich keine Verbindung zum Beinwelltee, den die Mutter in den ersten Monaten ihrer Schwangerschaft täglich getrunken hatte. Hier half eher der Aberglaube, unvorstellbare Dinge zu erklären: Vielleicht war die Mutter verflucht oder sie hatte einer Beerdigung beigewohnt (dabei konnte der Tod in den Bauch »wandern«). Möglich war ebenso der Einfluss von Dämonen, der das Kind zu Tode brachte. Letztlich war es – auch wenn es das Leid der Eltern nicht relativiert hat – »normal«, wenn »ein Kindlein von Gott zu sich geholt« wurde.

Zu guter Letzt kann man das Heilkräuterwissen von Hildegard von Bingen nicht isoliert betrachten, es war eingebettet in ein mythisch-religiöses Gesamtkonzept, dessen Rahmen und Regeln von der mächtigsten Institution ihrer Zeit vorgegeben wurden: von der katholischen Kirche. Um etwas mehr Freiheit bei der Verbreitung ihres Wissens zu haben, nutzte die Äbtissin wohl detaillierte Beschreibungen von Visionen.

Wie dem auch sei, ich lese gern in Hildegards Schriften. Manches lässt sich noch immer wunderbar anwenden – nur sollte man sich bei ihren Kräutertees über den heutigen Kenntnisstand und mögliche negative Begleiterscheinungen informieren.

5

Wildkräuter in der Schwangerschaft & Stillzeit

»Das klingt jetzt vielleicht etwas komisch, aber ist es auch möglich, am Wildkräuterkochkurs teilzunehmen, ohne Wildkräuter zu essen?« Die Frau am Telefon klang etwas besorgt. »Es ist nämlich so, dass ich wahnsinnig gerne lernen würde, Wildpflanzen für meine Familie zuzubereiten, ich bin aber im sechsten Monat schwanger und habe gelesen, dass Wildkräuter da gefährlich sein können.«

Diese Anfrage war kein Einzelfall. Viele werdende Eltern oder stillende Mütter sind besorgt, dass einige Inhaltsstoffe in Wildkräutern ihrem ungeborenen Kind oder dem Säugling über die Muttermilch schaden könnten. Zudem gibt es eine große Unsicherheit, inwieweit sie Einfluss auf die Milchmenge haben.

Während der Schwangerschaft

Ganz allgemein: Wildkräuter können das Wohlbefinden während der Schwangerschaft enorm erhöhen. Nicht nur, weil es Spaß macht und guttut, sich während der »anderen Umstände« an der frischen Luft zu bewegen und mit der heimischen Flora zu beschäftigen. Reich an Ballaststoffen, können Wildkräuter zudem schwangerschaftsbedingten Verstopfungen vorbeugen und die werdende Mutter mit vielen Mineralien und Vitaminen versorgen.

Gleichzeitig sind gerade die ersten zwölf Wochen nicht unkompliziert. Störungen und Fremdeinwirkungen können dazu führen, dass etwas im Entwicklungsprozess schiefläuft und der Fötus abgestoßen wird. Diese Fremdeinwirkungen können Inhalts- und Wirkstoffe von Medikamenten oder eben auch Wildpflanzen sein. Es gibt weltweit Tausende Präparate und Wildkräuter, die im Positiven wie im Negativen mit einer Schwangerschaft verbunden werden. Ich beschränke mich auf die bei uns vorkommenden Wildkräuter.

Während einer Schwangerschaft zu empfehlende Wildkräuter:

Echte Kamille (*Matricaria chamomilla L.*)
Die Echte Kamille ist nicht nur ein hervorragendes Wildkraut bei Erkältungen, sondern kann auch bei schwangerschaftsbedingter Übelkeit helfen, wie eine wissenschaftliche Review zum Schluss kommt. Zudem hat Kamille eine beru-

higende und krampflösende Wirkung und lindert Sodbrennen.

Früchte der Wildrosen, »Hagebutten« (*Rosa sp.*)
Die Früchte unserer Wildrosen haben den höchsten Vitamin-C-Gehalt aller heimischen Früchte. Schwangere haben oft eine herabgesetzte Immunabwehr und einen erhöhten Vitamin-C-Bedarf. Hier können also ein Mus oder ein Früchtetee aus Hagebutten unterstützen.

Frauenmantel-Arten (*Alchemilla sp.*)
Frauenmantel galt schon seit jeher als »Frauenkraut« und wurde oft als Unterstützung während der Schwangerschaft verabreicht. Auch wenn Studien zu möglichen negativen Folgen fehlen, gehen einige Autoren von einer positiven Wirkung aus. Dazu gehören Verdauungsförderung, und der Frauenmantel gilt als hilfreich bei schwangerschaftsbedingter Übelkeit und soll die Gebärmutter stärken.

Während einer Schwangerschaft zu vermeidende Wildkräuter:

Pflanzen mit ätherischen Ölen
Die Heilwirkung einiger Wildkräuter ist auf die in ihnen enthaltenen ätherischen Öle zurückzuführen, dazu gehören einige Lippenblütler, Korbblütler, Doldenblütler, Rautengewächse und Kieferngewächse. Besonders die Bestandteile Thujon und Campher können einen Abort bewirken. Die US-amerikanische Vereinigung für ganzheitliche Aroma-

therapie (NAHA) warnt davor, folgende (Wild-)Kräuter während der Schwangerschaft zu konsumieren:

Gewöhnlicher Beifuß (*Artemisia vulgaris*) und Echter Wermut (*Artemisia absinthium*)
Auch wenn keine Studien existieren, die eine abtreibende Wirkung belegen, sollte man bei der Gattung Artemisia vorsichtig sein. Bereits in der Antike galten Pflanzen dieser Gattung als wehenfördernd, teils sogar als abortiv. Noch heute werden sie zu diesen Zwecken in Indien eingesetzt.

Echter Salbei (*Salvia officinalis*)
Zwar stammt der Echte Salbei ursprünglich aus dem mediterranen Raum, doch durch die Klöster gelangte er auch in unsere Regionen und verwilderte vielerorts. Von einem dauerhaften Salbei-Konsum wird während der Schwangerschaft abgeraten, da die toxischen Eigenschaften von Thujon und Campher den Fötus schädigen können. Die heimischen Arten Wiesensalbei, Quirl-Salbei, Kleb-Salbei und Steppensalbei haben wesentlich geringere Mengen an ätherischen Ölen und sind als weniger bedenklich einzuschätzen.

Rainfarn (*Tanacetum vulgare*)
Diese gelb blühende Pflanze ist reich an Thujon, und ihr Verzehr sollte generell vermieden werden, ganz besonders aber während der Schwangerschaft. Als abortives Mittel wurde der Rainfarn in Europa bereits seit der Antike eingeschätzt.

Daneben existiert noch eine Vielzahl von Kräutern mit ätherischen Ölen, bei denen die Meinungen stark auseinandergehen. Die einen schätzen ihre leicht antibiotische Wirkung während der Schwangerschaft, andere sehen in ihnen ein gewisses Gefahrenpotenzial für das Kind. In älterer Literatur werden sie mal als geburtsstärkend, mal als wirksames Abtreibungsmittel beschrieben. Zu den »unsicheren« Kandidaten gehören die Arten der Gattung Dost (*Origanum*), Thymian (*Thymus*) und Minze (*Mentha*). Auch hier trifft der Satz zu: »Die Dosis macht das Gift«, zumal unsere heimischen Arten in der Regel viel geringere Anteile an wirksamen ätherischen Ölen besitzen als die mediterranen Verwandten, die wir als Küchengewürze kennen.

Pflanzen mit Cumarin

Cumarin ist ja ein sekundärer Pflanzenstoff, der in größeren Mengen leberschädigend wirken kann. Zudem greift er in den Vitamin-K-Stoffwechsel während der Schwangerschaft ein und verursacht dadurch eventuell Entwicklungsstörungen beim ungeborenen Kind. Das ist auch der Grund, weshalb während der Schwangerschaft von einem exzessiven Gebrauch des cumarinreichen Gewürzes Zimt abgeraten wird. Viele Gräser (typischer Heugeruch), Waldmeister und Steinklee (*Melilotus sp.*) enthalten nennenswerte Mengen an Cumarin und sollten deshalb während der Schwangerschaft nur in Maßen genossen werden. Ob Cumarin in die Muttermilch übergehen kann, ist noch nicht abschließend geklärt.

Pflanzen mit Oxalsäure

Die wasserlösliche Oxalsäure kann die Aufnahme von Kalzium, Magnesium und Eisen im Darm verhindern. Und das wiederum kann zu einer Unterversorgung mit diesen vom Embryo/Fetus dringend benötigten Mineralien führen. Im schlimmsten Fall können diese Mangelerscheinungen negative Folgen für die Organbildung und das Wachstum haben. Schwangere und Kleinkinder sollten deshalb nicht allzu häufig oxalsäurehaltige Wildkräuter zu sich nehmen.

Übrigens: Die Oxalsäure wird gebunden und unschädlich gemacht, indem man sie zusammen mit kalziumreichen Lebensmitteln wie Milchprodukten verzehrt. Dann dürfen es auch größere Mengen sein. Unklar ist, inwieweit Oxalsäure in der Muttermilch Mineralien bindet. Zu den oxalsäurehaltigen Wildkräutern zählen Knöterichgewächse wie Sauerampfer (*Rumex sp.*), Fuchsschwanzgewächse wie Gänsefuß (*Chenopodium sp.*), Melde (*Atriplex sp.*) sowie Sauerklee-Arten.

Weitere bedenkliche Gruppen

Es gibt noch einige Pflanzen, die in der Volksheilkunde mal als schädigend, mal als kräftigend während einer Schwangerschaft gelten, zu denen es aber keinerlei fundierte Untersuchungen gibt. Dazu gehören:

- Malven-Arten: Hibiskus als nicht heimischer Vertreter der Malvengewächse soll einen durchblutungssteigernden Effekt auf die Gebärmutter haben, mitunter sogar einen abtreibenden. Ob sich das auch auf unsere heimischen Malven-Arten übertragen lässt, ist fraglich.

- Johanniskraut: In den USA darf es Schwangeren nicht empfohlen werden, auch hierzulande sind die Ärzte zum Teil zurückhaltend. Es gibt Berichte über Zyklusstörungen wie Zwischenblutungen oder Menstruationsunregelmäßigkeiten.
- Schafgarbe: Enthält geringe Mengen Thujon. Galt früher als abortiv, eine unregelmäßige Verwendung sollte aber kein Problem darstellen.
- Himbeerblätter: Schon seit vielen Generationen wird Himbeerblättertee von Hebammen empfohlen, um den Geburtsvorgang zu erleichtern. Allerdings weist ein wissenschaftlicher Artikel aus Norwegen im Vergleich zu den bisherigen Studien, die von krampflösenden und oder gar von krampfauslösenden Wirksamkeiten ausgehen, keinen nennenswerten Effekt nach. Dadurch, dass negative Folgen nicht ausgeschlossen werden können, empfehlen die Norweger weitere Studien, bevor Himbeerblättertee empfohlen wird.
- Echter Baldrian: Die sedierende Wirkung dieser Feuchtbodenart kann Schlaflosigkeit entgegenwirken, was werdenden Müttern prinzipiell ja erst einmal zugutekommt. Die US-amerikanische Behörde für Lebens- und Arzneimittel (FDA) empfiehlt dennoch, keinen Baldrian während der Schwangerschaft oder in der Stillzeit zu konsumieren, da die Datenlage über mögliche Auswirkungen für das Kind noch zu dünn ist.
- Bärlauch: In frischem Bärlauch scheint ein uteruswirksamer Stoff enthalten zu sein, der angeblich schon zu Aborten geführt haben soll. Studien dazu gibt es jedoch keine.

Während des Stillens

Seit jeher gelten bestimmte Wildkräuter als milchsteigernd, andere als milchhemmend. Aus wissenschaftlicher Sicht ist es fraglich, ob die Wirkung der meisten dieser Kräuter über einen Placeboeffekt hinausgeht. Die wenigen Studien, die es gibt, sind entweder methodisch mehr als fragwürdig, der Effekt kaum messbar oder sie widersprechen sich. Eine Ausnahme bildet der nicht heimische Bockshornklee, bei dem einige Untersuchungen einen leicht positiven Effekt erkennen.

Wildkräuter, die in der Volksheilkunde als milchsteigernd (Galaktogoga) gelten, sind:

- Mariendistel (*Silybum marianum*): Dieser im Mittelmeerraum beheimatete Korbblütler ist bei uns mancherorts verwildert, insgesamt aber ziemlich selten anzutreffen. Die Mariendistel gilt insbesondere in der Volksheilkunde als milchsteigernd, es existieren nur sehr wenige Studien, und diese legen einen leichten positiven Einfluss auf die Milchmenge nahe, andere konnten überhaupt keinen Effekt nachweisen.
- Echte Geißraute (*Galega officinalis*): Die krautige Pflanze ist bis auf Skandinavien in ganz Europa verbreitet und hat in vielen Regionen den Ruf als bestes Mittel, um die Milchmenge zu erhöhen. Im Vergleich zu anderen Wildkräutern gibt es zur Echten Geißraute eine Menge Untersuchungen, die sich mit dem Einfluss auf die Milchmenge

beschäftigen, auch wenn die meisten davon doch schon über fünfzig Jahre alt sind. Die meisten zeigten keine positive Wirkung, in einigen hingegen schon, doch erfüllten diese nicht die wissenschaftlichen Standards.

- Brennnessel (*Urtica sp.*): Gilt in verschiedenen Kulturen als milchsteigernd. Es gibt leider nur eine Studie dazu und diese erfüllt zum einen nicht die wissenschaftlichen Standards, zum anderen wurde auch kein wesentlicher Effekt gemessen.
- Echtes Eisenkraut (*Verbena officinalis*): Das schon von den Germanen in kulturellen Riten verwendete Wildkraut (um die Haut vor Metallwaffen zu schützen) soll laut Volksheilkunde milchfördernd sein. In wissenschaftlichen Untersuchungen wurde es immer gemeinsam mit anderen Kräutern in Form von Teemischungen verabreicht, sodass der Einfluss von Eisenkraut selbst nicht zu erkennen war.
- Malven und Löwenzahn: Sie wurden in der Volksheilkunde als Mittel angesehen, um die Milchmenge zu erhöhen. Studien existieren dazu nicht, hier herrscht Forschungsbedarf. Malven und Löwenzahn gelten als gut verträglich (manche Menschen können jedoch die Bitterstoffe des Löwenzahns nicht ab), und es ist nicht davon auszugehen, dass sie bei moderatem Konsum schädlich wirken.
- Luzerne/Alfalfa (*Medicago sp.*) und Rotklee (*Trifolium pratense*): In einigen Teilen der Welt werden sie als Galaktogogum betrachtet, doch existieren hierzu ebenfalls keine Studien. Die US-amerikanische Nationalbibliothek für Medizin (NLM) rät von einer Einnahme ab, da die in diesen Pflanzen enthaltenen Flavonoide strukturelle Ähn-

NLM
Die National Library of Medicine (NLM) in Bethesda, Maryland, ist die größte medizinische Bibliothek der Welt und ein guter Anlaufpunkt für Recherchen. Was das Thema Schwangerschaft und Stillen angeht, ist vor allem die Datenbank »Lactmed« sehr nützlich.

lichkeiten mit Östrogenen haben und Einfluss auf den Hormonhaushalt nehmen könnten. Eine Untersuchung verweist auf einen möglichen positiven Effekt auf die Milchbildung, in einer anderen wollen die Forscher das Gegenteil herausgefunden haben.

Wildkräuter, die als milchhemmend gelten und beim Abstillen verwendet werden:

- Salbei-Arten: Auch wenn der Echte Salbei ursprünglich aus dem Mittelmeerraum stammt, findet man ihn bei uns verwildert. Daneben wachsen einige heimische Schwesterarten, deren Inhaltsstoffe (allen voran die ätherischen Öle) in viel geringeren Mengen vorkommen. Zwar sind keine direkten Studien zum Einfluss von Salbei auf die Milchmenge bekannt, dennoch könnte das Kraut interessant für das Abstillen sein. Zwei Studien legen nahe, dass das im Salbei enthaltene ätherische Öl Cineol in die Muttermilch übergeht, welches wiederum vom Säugling nicht besonders gemocht wird. Da eventuelle Nebenwirkungen bislang nicht erforscht sind, raten die Autoren von einer Anwendung ab.
- Pfefferminze (*Mentha × piperita*): Diese Kreuzung aus Wasserminze (*Mentha aquatica*) und Grüner Minze (*Mentha spicata*) kommt bei uns ab und zu verwildert vor.

Wilde heimische Minze-Arten haben zum Teil ähnliche ätherische Öle, wenn auch in geringerer Konzentration als kultivierte Minze. Das Cineol in ihnen könnte ähnlich wirken wie beim Salbei.

- Holunder- und Lindenblüten: Als Sirup oder als Tee sind diese bekannt, doch kaum als milchhemmende Mittel. In der Volksheilkunde werden sie zwar entsprechend propagiert, die Studienlage ist dagegen dünn. Allerdings ist zumindest nicht von einer schädigenden Wirkung während der Schwangerschaft auszugehen.

Heilkräuter in der Schwangerschaft und Stillzeit – Tradition vs. Wissenschaft

Zumindest aus naturwissenschaftlicher Sicht ist die Datenlage gelinde gesagt bescheiden. In der US-amerikanischen Fachzeitschrift *Pediatrics* erschien im Jahr 2003 ein Artikel von Alan D. Woolf, Kinderarzt am Boston Children's Hospital, mit dem Titel: »Herbal remedies and children: Do they work? Are they harmful?« Woolf konstatierte, bis jetzt gäbe es kaum Untersuchungen darüber, wie sich Kräuter auf die Laktation, die Milchbildung, auswirken. Nicht unproblematisch sei, dass viele Kräuter lipophile Chemikalien enthielten, also gut in Fett lösliche, von denen man erwarten könne, dass sie sich in der Muttermilch (Fett!) konzentrierten. Zudem verweist er darauf, dass die Konzentration der Wirkstoffe von Faktoren wie die Wahl des Pflanzenteils bei der Ernte, Erntezeitpunkt, Reifegrad, Jahreszeit, geografische Besonderheiten, Zusammensetzung und pH-Wert des Bodens oder der Wasserverfügbarkeit abhängt. Variable und unvorhersehbare Konzentrationen, Inhaltsstoffe und Kontaminanten (»Verunreinigungen«) seien laut Woolf besorgniserregend, insbesondere wenn solche Kräuter oder Kräuterprodukte bei Kindern angewendet werden.

Doch was soll man nun davon halten? Sind die altbekannten Wildkräuter doch keine guten Begleiter während und nach einer Schwangerschaft? Werden nicht manche Wildkräuter schon seit über 2000 Jahren (in Indien zum Teil noch viel länger) zu diesem speziellen Zweck verwendet? Hätten die Menschen diese bei fehlender Wirkung nicht irgendwann beiseitegelegt und über Generationen hinweg als unwirksam eingestuft? Hätte man diese nicht mit der Zeit ausselektiert?

Abschließend lässt sich das wohl nicht klären. Menschen kannten schon immer den Unterschied von akut schädlichen und akut nicht schädigenden Pflanzen. Doch wie bereits im Abschnitt über Hildegard von Bingen erwähnt: Wahrscheinlich brachte man Spätfolgen selten mit den als »Heilkräuter« eingestuften Pflanzen in Verbindung.

Außerdem: Warum sollten die Menschen früher immer alles richtig gemacht haben? Manchmal werden Fehlinformationen über Generationen hinweg weitergegeben (ich erinnere nur an den Fuchsbandwurm). Andere Pflanzen wiederum, die weder Schaden anrichteten noch besonders heilsame Inhaltsstoffe besaßen, hatten aber dennoch nicht selten eine enorm positive Wirkung. Der Placeboeffekt kann mitunter sehr mächtig sein und gerade in Verbindung mit rituellen Handlungen (etwa einem bestimmten Sammeln und Zubereiten, verknüpft mit besonderen Darreichungsformen) durchaus Heilungsprozesse beschleunigen.

Letztlich tut es einfach gut, sich mit Wildkräutern zu beschäftigen, an der frischen Luft zu sein, die umgebende Natur kennenzulernen und zu verstehen, seinen Wissensschatz auszubauen und weiterzugeben. Und das hat auch Einfluss auf Mutter und Kind. Zudem passt auch hier mal wieder der viel zitierte Satz: »Allein die Dosis macht das Gift.« Wer beim Wildkräutersammeln und -aufbereiten darauf achtet, keine als bedenklich geltende Arten zu verwenden und sich zudem ausgewogen ernährt, für diejenigen können Wildkräuter eine Bereicherung sein. Sowohl für Mutter als auch für das Kind. Es gibt unter den traditionellen (Heil-) Wildkräutern welche, die seit Jahrtausenden verwendet werden. Welche, die positiv wirken oder zumindest keinen Schaden anrichten. Und es gibt solche, die als »unsicher« gelten. Man ist gut beraten, Letztere einfach wegzulassen.

6

Pflanzen bestimmen

Will man sich näher mit Pflanzen beschäftigen und möchte man neben Löwenzahn und Brennnessel weitere Wildkräuter in der Küche verwenden, sollte man sich mit den Grundlagen der Pflanzenbestimmung vertraut machen, was beim Aufbau einer Pflanze beginnt. Die vielen Fachausdrücke können einen schnell erschlagen, aber wer sicher sein will (und das ist auch anzuraten), kommt nicht wirklich darum herum, sich mit bestimmten Begriffen vertraut zu machen. Es ist ein wenig vergleichbar mit der Aneignung einer neuen Sprache. Man lernt in diesem Fall »Botanisch«. Das Gute ist, dass man das botanische Vokabular nicht zwingend auswendig hersagen muss, man kann es schnell nachschlagen. Wofür gibt es denn Bücher und Smartphones?

Bevor man eine Pflanzenart als Heilkraut oder Wildgemüse verwendet, sollte man also immer wissen, um welche es sich dabei handelt. Bei nicht bekannten Pflanzen kann es wichtig sein, diese bis zur Art zu bestimmen. Schließlich möchte man ja wissen, mit wem man es zu tun hat und ob diese Art oder Gruppe nicht vielleicht Besonderheiten aufweist, die für mich als Konsumenten von Bedeutung sein könnten. Und Verwechslungen sollen ja unbedingt ausgeschlossen werden, damit eine akute und lebensgefährliche Vergiftung gar nicht erst eintritt.

Spannend ist auch, einen Einblick in die Verwandtschaftsverhältnisse zu erhalten. Ist es nicht aufregend, dass die Stockrose (*Alcea rosea*) gar keine Rose, sondern als Malvengewächs näher mit den Linden verwandt ist? Oder dass die Taubnesseln nicht den Brennnesseln, sondern dem Thymian und dem Rosmarin näherstehen?

Einen weiteren Vorteil hat es außerdem, wenn man über die Grundlagen der Pflanzenbestimmung hinausgewachsen ist – man kann weltweit einige Pflanzenarten verwenden, die man noch nie zuvor gesehen hat. Einfach, weil man sie einer »sicheren« Familie zuordnen kann!

Da wir hier von Pflanzenarten sprechen – was ist das überhaupt? Ist das etwas anderes als eine Pflanzensorte? Und was hat es mit den Familien auf sich?

Was ist eine Pflanzenart und was eine Pflanzenfamilie?

Die Biologie ist komplex, weil das Leben komplex ist. Vom Bakterium bis zum Blauwal, von den Wechselwirkungen von Genen und Umwelt bis hin zu diversen Vernetzungen innerhalb riesiger Ökosysteme – all das ist Teil der Biologie. Eines ihrer Fachgebiete beschäftigt sich mit den Verwandtschaftsverhältnissen von Lebewesen: die Systematik.

Mit ihr versucht man Ordnung in das Chaos dieser riesigen »Familie« (hier nicht als systematischer Terminus zu verstehen) der Lebewesen zu bringen. So versucht man mithilfe eines Stammbaums darzustellen, wer mit wem verwandt ist. Doch tatsächlich spaltet sich der Stammbaum des Lebens in so unfassbar viele Arten auf, dass man eher von einem stark verzweigten Stammbusch reden muss.

Die Familie

Nehmen wir einmal die Möhre (*Daucus carota*). Im Stammbusch der Möhre ist zu sehen, dass sie der Familie der Doldenblütler zugerechnet wird. Zu ihr gehören viele andere Arten, die regelmäßig auf den Tisch kommen: Fenchel, Dill, Kümmel, Pastinake oder Sellerie. Jede Familie hat gewisse Merkmale, die sie von anderen Familien unterscheidet, in diesem Fall haben fast alle Apiaceaen knotige und hohle Stängel, die ein- oder mehrfach gefiederten Blätter haben eine Scheide; die Blütenstände sind meist sogenannte Dolden beziehungsweise Doppeldolden. Der Aufbau der Blüten selbst kann in Form eines Blütendiagrammes oder einer Formel angegeben werden, das würde hier jedoch den Rahmen sprengen. Es kann sehr sinnvoll sein, Arten bestimmten Familien zuordnen zu können. Es gibt nämlich Familien, die als »schwierig« gelten und andere, bei denen eine Verwechslung innerhalb dieser unproblematisch ist, einfach weil die ganze Familie keine giftigen Arten aufweist.

Gattung und Art

Ist nun die Familienzugehörigkeit der Möhre klar, bleibt immer noch zu klären, was eine Art (»Spezies«) überhaupt ist. Leider ist es gar nicht so leicht, eine solche zu definieren. Der Artbegriff war schon seit jeher Streitthema unter Biologen und ist es bis heute. Eine ältere Definition lautet sinngemäß: »Wer es mit einem anderen treiben kann und dabei ein Kind zur Welt kommt, das wiederum ebenfalls zeugungsfähig ist, gehört zur selben Art wie derjenige, mit dem man es trieb.« Doch diese Definition hat einen Haken, denn es gibt eine Menge Tiere und Pflanzen, die mit anderen Arten fruchtbaren Nachwuchs zeugen können. Ganz zu schweigen von Pilzen und Bakterien, da geht es noch viel wilder zur Sache. Der Einfachheit halber belassen wir es bei: »Eine Art ist eine Grundeinheit der Systematik.« Die Möhre ist demnach eine Pflanzenart, der Mensch eine Primatenart, der Neuguinea-Nacktaugenkakadu eine Vogelart, der Löwe eine Großkatzenart.

Wissenschaftliche Namen
Der wissenschaftliche Name des Menschen besteht zum Beispiel aus dem Gattungsnamen *Homo* und dem Artepitheton *sapiens* – zusammengenommen also der Artname *Homo sapiens*! Der Mensch gehört zusammen mit den Gorillas, Schimpansen und Orang-Utans zur Familie der Menschenaffen (Hominidae). Innerhalb der Gattung Homo sind wir recht einsam – alle unsere Verwandten in der Gattung Homo sind bereits ausgestorben.

Das Problem bei den volkstümlichen Artennamen ist, dass je nach Region ganz andere Namen für Lebewesen verwendet werden. So werden die Pflanzen der Gattung Taraxacum (Löwenzahn) in manchen Regionen auch Butterblume genannt, was in vielen anderen Gegenden eher mit den giftigen Hahnenfußgewächsen (Ranunculaceaen) verbunden wird. Daneben wird Löwenzahn auch Seicherwurzel, Ackerzichorie, Bettseicherwurzel, Butterblume, Kettenblume, Pfaffendistel, Kuhblume, Märzenbusch, Maiblume, Milchblume, Wiesenlattich, Pfaffenöhrlein, Pferdeblume, Pißblom, Pusteblume, Ringelblume oder Schmalzblümlein genannt. Um Pflanzenarten international eindeutig benennen zu können, hat Carl von Linné die binäre (»zweiteilige«) Nomenklatur entwickelt. Jede Art sollte aus wissenschaftlicher Sicht fortan einen einzigen Namen erhalten, bestehend aus zwei Namensbestandteilen: dem Gattungsnamen und dem Artepitheton.

Carl Nilsson Linnæus
Der schwedische Naturforscher lebte von 1707–1778 und gilt als Vater der modernen Botanik. Er führte die binäre Nomenklatur ein und nannte sich nach seiner Adelung durch den schwedischen König Carl von Linné.

Bei der Möhre ist der großgeschriebene Gattungsname *Daucus* und das kleingeschriebene Artepitheton *carota*. Möchte man darstellen, dass man keine bestimmte Art meint, sondern eine nicht näher spezifizierte Art aus der Gattung, so schreibt man statt des Artepithetons ein »sp.« (für »Spezies«): zum Beispiel *Daucus sp.*

Auch wenn die volkstümlichen Namen ihre Berechtigung haben und oft viel über die frühere Verwendung oder sonstiges Spannendes erzählen, so ist es bei der Pflanzenbestimmung wichtig, das Prinzip der wissenschaftlichen Namen zu verstehen, um Verwechslungen auszuschließen. Übrigens ist es nicht ganz richtig, vom »lateinischen Namen« einer Art zu sprechen, denn oft kommen die Namensbestandteile auch aus dem Griechischen.

Die Begriffe »Art« und »Gattung« werden oft durcheinandergebracht. Verständlich wird der Unterschied, wenn man sich die Namen der Großkatzen ansieht. Der in Afrika lebende Löwe hat den wissenschaftlichen Namen *Panthera leo.* Zur Gattung *Panthera* gehören aber auch Tiger (*Panthera tigris*), Jaguar (*Panthera onca*), Leopard (*Panthera pardus*) und Schneeleopard (*Panthera uncia*).

In Deutschland sind rund 10 000 Pflanzenarten zu finden, was auf den ersten Blick beeindruckend klingt. Davon sind aber nur 3000 Arten Samenpflanzen, die anderen 7000 sind Farnpflanzen, Moose und Algen. Im Vergleich dazu wurden hierzulande circa 48 000 Tierarten gezählt, davon sind 47 000 Arten Wirbellose. Weltweit wurden knapp 330 000 Pflanzenarten dokumentiert, doch gibt es wahrscheinlich noch viele unbeschriebene Arten.

Unterart

Man kann es nun noch weitertreiben und die einzelnen Arten in Unterarten aufteilen. Diese kann man wild durcheinanderkreuzen, was in der freien Natur, aber auch durch die Hand des Menschen passiert: Die Speisemöhre (*Daucus carota subsp. sativus*) entstand wahrscheinlich aus einer Kreuzung der »eigentlichen« Wilden Möhre (*Daucus carota subsp. carota*) mit der südeuropäischen Riesenmöhre (*Daucus carota subsp. maximus*). Es gibt Biologen, die zudem ein Mitwirken der Orientalischen Schwarzmöhre (*Daucus carota subsp. afghanicus*) für wahrscheinlich halten.

Um es noch einmal mithilfe der Kätzchen zu erklären: Die in Sibirien vorkommenden Tiger (*Panthera tigris altaica*) sind viel größer und massiger als die auf Sumatra lebenden (*Panthera tigris sumatrae*). Genetische Untersuchungen zeigten hier, dass beide Tiger zwar nah verwandt sind, sie aber schon so lange weit entfernt voneinander existieren, dass sich gewisse Unterschiede im Genom herausgebildet haben. Sie könnten aber dennoch weiterhin fruchtbare Nachkommen zeugen.

Aggregat/Sippe

Es herrscht also hin und wieder nicht nur Uneinigkeit darüber, was überhaupt eine Art ist, sondern auch, was als eigenständige Art gilt und was bloß eine etwas anders aussehende Laune der Natur ist. Dabei geht es nicht um abgefahrene Moos-Arten in irgendwelchen Baumwipfeln in entlegenen Gebieten des Amazonas – schon beim allseits bekannten Löwenzahn ist man sich unsicher. Da scheinen die bisherigen Artkonzepte nicht so ganz zu funktionieren, die Unterarten und Varietäten des Löwenzahns sind oft fließend und nicht immer eindeutig zu unterscheiden. Böse Zungen behaupten: Systematiker machen es sich hier einfach. Sie fassen diese kurzerhand zu einer »Sippe« oder einem »Aggregat« zusammen und vertagen das Problem. Irgendjemand in der Zukunft wird sich dieser Sache schon annehmen und aufdröseln.

Sorte

Eine Sorte wiederum ist eine von Menschen gezüchtete »Varietät« – wie zum Beispiel die Karottensorte »Robila« oder die Rotkohlsorte »Rodynda«. Auch wenn keine eindeutige wissenschaftliche Definition existiert, kann man diese Ebene ungefähr mit den Rassen bei einigen Haus- und Nutztierarten (zum Beispiel Hunderassen) vergleichen, wobei »Rasse« in der modernen Taxonomie keine Rolle mehr spielt.

Heimische und nicht heimische Arten

Ich spreche hier oft von »einheimischen Arten«, »nicht einheimischen Arten«, von »Neophyten«, »Neobiota« und »invasiven Arten«. Doch was verbirgt sich hinter diesen Begriffen? Darauf will ich nun eingehen, mitsamt den mit ihnen verbundenen Schwierigkeiten.

Einheimische/indigene/autochthone Pflanzenarten

Alle drei Begriffe bezeichnen ein und dasselbe: Diese Arten kommen hierzulande natürlicherweise vor, oder in der präziseren Formulierung des Bundesamtes für Naturschutz: »Diese Arten kommen hier von Natur aus, das heißt ohne Einfluss des Menschen, vor. Sie haben sich in dem Gebiet ohne menschlichen Einfluss evolutionär gebildet oder sind ohne menschlichen Einfluss dort eingewandert (natürliche Arealerweiterung zum Beispiel im Zuge natürlicher Klimaänderungen). Diese mögen zu Beginn ihres Einwanderungsprozesses auch noch nicht fest etabliert (= eingebürgert) sein, sondern können zuerst auch unbeständig auftreten.« Die Gemeine Fichte (*Picea abies*) zum Beispiel gibt es schon sehr lange bei uns, und genauso sind Brennnessel, Schwarzer Holunder oder der Blaue Eisenhut (*Aconitum napellus*) bei uns heimische Arten.

Gebietsfremde (allochthone) Pflanzenarten

Gebietsfremde Arten hat der Mensch irgendwann einmal »eingeschleppt«, versehentlich oder bewusst. Der Mensch ist aus populationsökologischer Sicht kein besonders sesshaftes Wesen – seit Beginn der Menschwerdung latschen wir unentwegt über den ganzen Erdball hin und her, treiben regen Handel, transportieren Tiere und Pflanzen von A nach B. Ob als Samen im Proviantbeutel, in Getreidemischungen oder an den Sohlen haftend, haben wir dazu beigetragen, dass Pflanzen neue Gebiete erobern konnten. Viele Tiere verbreiten ebenfalls Pflanzen (etwa durch ihr Fell, das Federkleid oder den Kot), doch die Besonderheit beim Menschen ist, dass dies nicht nur versehentlich, sondern auch absichtlich passiert, oft und das sogar in relativ kurzen Zeitspannen. Manchmal ist der Mensch sogar dafür verantwortlich, dass für Pflanzen unüberwindbare Grenzen durchbrochen werden, wie zum Beispiel die Überquerung des Atlantiks innerhalb weniger Monate, Wochen oder gar Tage. Dabei unterscheidet man, ob die Einschleppung der Pflanzen in »jüngerer Zeit« geschah oder ob das schon eine Weile her ist.

Archäophyten

Dieses erwähnte »schon eine Weile« muss man irgendwie definieren, und so überlegte man sich, welche Periode in der Menschheitsgeschichte eine derartige Grenze markieren könnte. Tatsächlich einigte man sich auf ein exaktes Jahr: 1492. In diesem Jahr hat Christoph Kolumbus Amerika »entdeckt«. Ein völlig falscher Begriff, war Amerika zu diesem Zeitpunkt bereits seit 15000 Jahren besiedelt, selbst die Wikinger waren viele Jahrhunderte vor den Spaniern dort gewesen. Als Argument für die Wahl des Zeitpunkts wurde der nachfolgende Handel mit der »Neuen Welt« und das damit verbundene »Mitbringen« von Tier- und Pflanzenarten angebracht. Dabei wird jedoch unterschlagen, dass bereits seit Langem ein reger Handel mit Afrika und Asien bestand, in dessen Rahmen ebenfalls Tier- und Pflanzenarten »eingeschleppt« wurden.

Wie dem auch sei – dieses Jahr 1492 wurde nun als Grenze zwischen »Archäophyt« und »Neophyt« gewählt. Als Archäophyt zählt zum Beispiel die Esskastanie (*Castanea sativa*), die wir den Römern zu verdanken haben. Daneben gelten zum Beispiel der Echte Eibisch, die Echte Kamille (*Matricaria chamomilla*) oder die Kornrade (*Agrostemma githago*) als Archäophyten.

Neophyta

Diese »Neubürger« sind also erst nach 1492 durch den Einfluss des Menschen zu uns gelangt. Von den knapp 3000 Samenpflanzenarten, die bei uns vorkommen, sind zwischen 300 und 500 Neophyten. Neophyten (wie auch Neozoen, die tierischen Neubürger) haben meist kein besonders gutes Image. Sie würden heimische Arten verdrängen und ihnen den Lebensraum wegnehmen, so sagt man. Waschbären und Springkräuter hätten hier nichts verloren.

Doch sind Neobiota (so der Sammelbegriff für neu eingebürgerte Pflanzen und Tiere) wirklich so schlimm?

Das kommt darauf an, per se müssen Neobiota unsere Ökosysteme nicht auf negative Weise verändern. Die Rosskastanie etwa ist ein Neophyt – ich habe aber noch nie von einem »dichten Rosskastanienwald, der alles überwuchert und sämtliches Leben in der Region auslöscht« gehört oder gelesen. Die Mariendistel stammt ursprünglich aus dem Mittelmeerraum und ist bei uns zum Teil verwildert, besonders negativ ist sie noch keinem aufgefallen. Es gibt hier viele Neophyten, die sich in unserem Klima aber gar nicht so besonders wohlfühlen. Kleine Bestände tauchen dann auf, die aber regelmäßig auch wieder verschwinden.

Anders sieht es bei den invasiven Arten aus, denn diese können für die anderen Arten innerhalb eines Ökosystems tatsächlich problematisch werden. Das Indische Springkraut (*Impatiens glandulifera*) sowie das Kleine Springkraut (*Impatiens parviflora*) können große Gebiete dominieren und eine ganze Pflanzengesellschaft dezimieren. Beide Springkraut-Arten kommen mit unserem Klima gut klar, haben einen wirkungsvollen Verbreitungsmechanismus und beschatten andere Pflanzen derart stark, dass diese sich kaum ihrer erwehren können. Auch der Japanische Staudenknöterich (*Fallopia japonica*) gehört dazu – er wächst rasend schnell und bildet unterirdische Ausläufer; riesige artenarme Flächen entstehen in kürzester Zeit. Der Mensch ermöglicht diesen Pflanzen eine blitzartige Verbreitung in entlegene Gebiete, die unter »natürlichen« Bedingungen viele Tausend Jahre gedauert hätte. Das geschieht so rasch, dass die heimischen Arten des Ökosystems keine Zeit haben, sich anzupassen oder zu reagieren. Invasive Arten werden seitens des Naturschutzes zum Teil zwar aufwendig bekämpft, doch zumeist nur mit mäßigem Erfolg.

Neobiota – was kann ich tun?
Jeder von uns kann dazu beitragen, die Verbreitung von Neobiota zu verhindern oder zumindest zu verlangsamen. Auf keinen Fall sollte man gebietsfremde Tiere aussetzen (Schmuckschildkröten etc.) oder Gartenschnitt in den Wald kippen. Allzu oft haben sich Neobiota auf diesem Wege verbreitet.

Letztlich gibt es aber bei der Verbreitung von Neobiota nicht nur Verlierer. So ist die Robinie aus naturschutzfachlicher Sicht nicht gerne gesehen – sie ist durch ihre Dornen und giftigen Stoffe nicht nur sehr wehrhaft gegenüber Fressfeinden, auch reichern sie als Vertreter der Schmetterlingsblütler die Böden mit Stickstoff an. Und das ist bei der Seltenheit nährstoffarmer Böden keine gute Sache. Wildbienen wiederum freuen sich über die Robinie, denn sie ist eine hervorragende Bienenweide. Tja, des einen Freud ist des anderen Leid …

Auch wenn immer die Rede ist von »bösen, nicht heimischen Arten«: Etliche heimische Arten haben die Europäer auf andere Kontinente gebracht, über die sich die Menschen dort nicht besonders freuen. Der Gewöhnliche Blutweiderich (*Lythrum salicaria*) versetzt US-amerikanische Naturschützer in Angst und Schrecken, weil er die dort heimische Flora verdrängt. Er hat sich schon in achtundvierzig Bundesstaaten der USA festgesetzt.

Pflanzenbestimmung Basics

Aufbau einer Pflanze

Wir Tiere und auch die uns näher als den Pflanzen verwandten Pilze sind heterotrophe Lebewesen. Das bedeutet, der Shiitake-Pilz ist genauso wie wir darauf angewiesen, organische Stoffe aufzunehmen, Energie durch Abbauprozesse zu gewinnen und Einzelteile davon einzubauen. Er hängt sich an einen alten oder kranken Baum und »zapft ihn an«, während wir Dinge wie Hafermilch, Ratatouille oder Pfälzer Saumagen verwerten.

Der Begriff »organisch« ist hier etwas verwirrend, denn aus der Sicht des Chemikers sind Verbindungen organisch, wenn sie Kohlenwasserstoffverbindungen enthalten. Und das ist nicht nur bei Lebewesen und ihren Hinterlassenschaften der Fall, sondern ebenso bei Plastik, Reinigungsmitteln und Lacken.

Pflanzen sind autotrophe Lebewesen und als solche in der Lage, ihre Bau- und Reservestoffe aus anorganischen Quellen zu beziehen und »sich selbst« mit Energie zu versorgen. Sogar die fleischfressenden Pflanzen führen eine autotrophe Lebensweise, sie versorgen sich mithilfe der Insekten nur mit zusätzlichem Nitrat, da in ihrem Lebensumfeld keine Bakterien leben können, die andernorts Pflanzen bei der Nitrifikation »helfen«.

Im Folgenden wollen wir uns den Bestimmungsmerkmalen von Pflanzen widmen. Ich habe die Erfahrung gemacht, dass man Strukturen besser versteht, wenn man weiß, warum sie so aussehen:

Pflanzenmerkmale

Wir werden uns diejenigen Strukturen der Pflanzen ansehen, die besonders bei der Bestimmung einer Art eine Rolle spielen. Natürlich ist die Wurzel eine der drei wichtigsten Hauptorgane einer Pflanze, nur schaut man sich diese bei der Bestimmung eher selten an, weshalb ich nicht näher auf sie eingehen werde. Wichtig ist, dass man bei der Pflanzenbestimmung immer folgende Dinge im Hinterkopf hat:

1. Individuelle Vielfalt

Pflanzen stehen (wie alle anderen Lebewesen) mit ihrer Umwelt in Wechselwirkung und können sich aktiv an deren Bedingungen anpassen. Das klappt nicht immer – sind die Bedingungen zu extrem oder landen die Pflanzen in einer Umgebung, die dem ursprünglichen Verbreitungsgebiet überhaupt nicht entspricht, werden sie sterben. Eine Tomatenpflanze wird auf einem rauen Felsen der Isle of Skye in Schottland keine Überlebenschance haben.

Die Fähigkeit zur Anpassung geht sogar so weit, dass von außen Unterschiede bei verschiedenen Individuen derselben Art erkennbar werden. So finde ich regelmäßig an sonnigen Standorten Arten wie den Taumel-Kälberkropf (*Chaerophyllum temulum*), die rote Blätter entwickeln, während Individuen derselben Art am schattigen Waldrand dunkelgrün sind. Hierbei sind sogenannte Anthocyane mit im Spiel, die dem Sonnenschutz dienen. Ähnliches gilt für die Behaarung mancher Individuen – so entdecke ich manchmal an sonnigen Stellen stark behaarte Pflanzen der Acker-Schmalwand (*Arabidopsis thaliana*), die an anderen Standorten fast keine Haare aufweisen.

Es kann ebenso vorkommen, dass sich das Aussehen eines Individuums im Jahresverlauf ändert. Eine Pflanze im Juni kann ganz anders wirken als Ende August, wenn sie schon schlaff und kurz vor dem Absterben ist. Auch wenn die Pflanzen ihr eigentümliches äußeres »Wesen« im Groben immer behalten, kann es bei den Details hin und wieder zu Verwirrung führen. Vor allem, wenn man mit Pflanzenbestimmungsbüchern mit recht »starrer« Struktur arbeitet.

2. Der Pflanze die Verborgenheit zugestehen

Seit 2010 beschäftige ich mich täglich mit Wildpflanzen, habe eine Menge Spaß an der Sache und meine Artenkenntnis ist mittlerweile sehr fundiert. Trotzdem kommt es bei Wildkräuterführungen vor, dass ich nicht weiß, vor welcher Pflanzenart ich mit der Gruppe stehe. Das ist zum Beispiel dann der Fall, wenn wir ihr während eines Zeitpunkts begegnen, bei dem nicht alle für die Bestimmung notwendigen Merkmale vorhanden sind. Das kann die nicht vorhandene Blüte sein oder eine fehlende Frucht. Blüte und Frucht sind nämlich für eine sichere Bestimmung mancher Arten unabdingbar. Ich kann dann zwar ausschließen und mithilfe der ungenügenden Merkmale und Informationen durch Jahreszeit oder Standort einiges eingrenzen, aber nicht immer eine Art benennen.

Bei der Demonstration seiner Artenkenntnis läuft der Fortgeschrittene zielstrebig und schnell, zeigt selbstsicher nach links: »Vogelmiere«, und nach rechts: »Witwenblume«. Der Profi hingegen weiß, dass es etliche Arten gibt, die sich – vor allem »von oben« betrachtet – stark ähneln können und dass man sich oftmals bücken muss (manchmal sogar mit Lupe, die am Schlüsselband hängt), um sicherzugehen. Beim näheren Hinsehen kann sich die Vogelmiere dann doch noch als Dreinervige Nabelmiere (*Moehringia trinervia*) oder die Witwenblume als Tauben-Skabiose (*Scabiosa columbaria*) entpuppen. Der Profi ist daran zu erkennen, dass er erst genau hinsieht, kurz überlegt und sich dann mitteilt.

Eine Pflanze nicht bestimmen zu können, kann gerade am Anfang sehr unbefriedigend sein. Also sage ich den Wildkräuterinteressierten: »Seid nicht frustriert, wenn ihr bei der Artbestimmung nicht weiterkommt, weil ein paar Merkmale fehlen. Man kann nicht zu jeder Zeit jede Pflanze bestimmen, das muss man akzeptieren. Gesteht der Pflanze die Verborgenheit zu!«

Blätter

Pflanzen sind also echte Selbstversorger, und als solche haben sie Strukturen und Prozesse entwickelt, die den Nicht-Pflanzen (einzige Ausnahme: Cyanobakterien) fehlen. Sie haben regelrechte Solarkraftwerke entwickelt, die sie je nach Bedarf vergrößern, verkleinern, abbauen oder anderweitig den Bedingungen anpassen können: Chloroplasten. Diese Kraftwerke stecken in den grünen Pflanzenteilen, ganz besonders viele davon in den Laubblättern.

Im Reich der Pflanzen existiert eine große Vielfalt an unterschiedlich gestalteten Blättern, weshalb sie zumeist sehr gute Bestimmungsmerkmale liefern. Wer sich einmal die Blätter der Rotbuche (*Fagus sylvatica*) und der Hainbuche (*Carpinus betulus*) genau ansieht, bemerkt auf einmal Differenzen, die man zuvor nicht wahrgenommen hat. Zuweilen fragt man sich dann: »Wie konnte ich die beiden vorher

Blattpolymorphismus
Je nach Lage oder Funktion können sich die Laubblätter eines Pflanzenindividuums stark voneinander unterscheiden. Oft sehen die bodennahen Blätter anders aus als diejenigen der oberen Stängelbereiche.

nur verwechseln?« Ist das Blatt der Rotbuche doch derber als das der Hainbuche, glänzt etwas mehr, ist leicht gewellt und hat einen glatten bis leicht gesägten Rand. Das Hainbuchenblatt dagegen wirkt »gefaltet« und weist sich mit einem doppelt gesägten Blattrand aus.

Da sich Pflanzenindividuen an bestimmte Lebensräume anpassen können, führt das dazu, dass Blätter derselben Art an unterschiedlichen Standorten jedoch minimal anders aussehen können. Ein weiterer Punkt, der die Pflanzenbe-

Abb. 17 und Abb. 18: Beispiel Weißer Gänsefuß: Links sind die Blätter am oberen Teil des Stängels zu sehen, im rechten Foto die bodennahen Blätter.

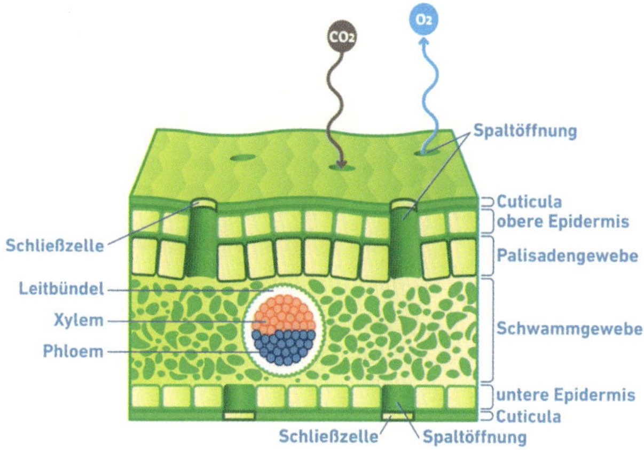

Abb. 19: Schema eines Blattquerschnitts. Blätter haben unterschiedliche Gewebetypen, je nach Aufgabe.

stimmung mithilfe der Laubblätter schwierig machen kann, ist der Blattpolymorphismus. Ein gutes Beispiel sind dafür die Gänsefüße:

Es ist also wichtig, zur Bestimmung die Blätter aller »Stockwerke« zu betrachten.

Prinzipiell kann man äußere Merkmale von Laubblättern genauer unter die Lupe nehmen und mit anderen vergleichen. Solche Merkmale sind:

Farbe

Blätter sind nicht nur schlicht grün, die Pflanzenwelt wartet mit Tausenden Grüntönen auf – von frischem Hellgrün über dunkles Moosgrün bis hin zu abgestuften Tönen in Graugrün. Als Bestimmungsmerkmal kann die Farbe jedoch nur begrenzt dienen – Farbempfindungen sind nicht nur subjektiv, auch müsste man die Farbtöne skalieren und dadurch vergleichbar machen. Im Anbetracht der vielen Grüntöne wäre das Ganze in der Praxis nicht wirklich praktikabel. Man stelle sich nur mal ein telefonbuchdickes Werk voll mit Farbtönen und den entsprechenden Codes vor – ähnlich wie bei einem Katalog für Industrielacke. Zudem ändern Blätter ihren Farbton im Lauf der Entwicklung: Junge Blätter sind heller, »Schattenblätter« haben oft einen anderen Grünton. Pflanzenbestimmungs-Apps, die mit Fotos arbeiten, gehen aber sehr wohl auf den Farbton ein.

Haptik

Dass sich Blätter unterschiedlich anfühlen, wusste ich schon länger, wirklich klar wurde es mir aber erst, als ich mit einem Verein, der Naturführungen für Blinde organisiert, am Konzept einer Bestimmungs-App für Blinde arbeitete. Blätter können sehr dick, derb und stabil sein, aber ebenso leicht zerreißbar oder gar gummiartig. Für die Bestimmung mit Büchern spielt dies aufgrund der fehlenden Standardisierung und den altersbedingten Unterschieden ebenfalls eine untergeordnete Rolle. Für einen persönlich kann dies jedoch ein einprägsames Merkmal unter vielen sein.

Größe

Auch wenn Alter und Standort einen Einfluss auf die Blattgröße einer Art haben, werden die Größen nicht selten in Bestimmungsbüchern (meist mit Von-bis-Angaben) angeführt. Der Vorteil: Die Größe ist so standardisiert, dass sie jeder schnell und einfach messen kann.

Behaarung

Haare haben bei Pflanzen unterschiedliche Funktionen. Manche Haare dienen der Fraßabwehr (Brennnessel), der Salzausscheidung (Melden) oder schützen vor Austrocknung (Alpen-Edelweiß) oder schädigender UV-Strahlung. Diese Haare sind manchmal nur spärlich, manchmal gibt es einen dichten, filzigen Überzug. Zu guter Letzt kann man auch die Form der Haare unter die Lupe nehmen, was in diesem Fall wörtlich gemeint ist.

Dieses Merkmal wird in Büchern regelmäßig abgefragt und professionelle Bestimmungswerke gehen darauf ein, dass die Pflanze unter bestimmten Bedingungen behaart sein kann.

Nervatur

Die Blattnerven werden in ihrer Gesamtheit »Nervatur« genannt, ein anderes treffendes Wort ist »Blattader«. Über diese Leitungen werden Nährstoffe, Wasser und verschiedene Assimilate zwischen Blatt und der restlichen Pflanze transportiert. Zum Teil unterscheidet sich die Nervatur stark zwischen den einzelnen Arten, weshalb diese häufig als Bestimmungsmerkmal herangezogen werden. Die meisten Bestimmungsbücher für Blütenpflanzen fragen zuerst einmal, ob die Pflanze zu den Einkeimblättrigen oder Zweikeimblättrigen gehört. In diese beiden verwandtschaftlichen »Übergruppen« werden alle Arten einsortiert, die wir im engeren Sinne als »Blütenpflanzen« bezeichnen. Für diesen ersten Schritt der Be-

Assimilate

So werden die energiereichen Stoffe genannt, die bei den Stoffwechselvorgängen der Pflanze (zum Beispiel der Fotosynthese) entstehen. Dazu gehören unter anderem Kohlenhydrate, Aminosäuren oder Fettsäuren.

stimmung werden in der Regel die Blätter herangezogen. So hat die Gruppe der einkeimblättrigen Pflanzen stets parallel verlaufende Blattadern, was bei der Gruppe der zweikeimblättrigen Pflanzen eher selten vorkommt. In manchen Büchern wird zwischen den verschiedenen Formen, die von der Nervatur gebildet werden, unterschieden (etwa handförmige oder gefiederte Nervatur).

Blattform

Blätter können unterschiedliche Formen annehmen, und die Blattform ist sehr wichtig bei der Artbestimmung. Auch wenn die Art vielleicht nicht erkannt wird, nehmen die meisten Menschen etwa die Gemeinsamkeit der Blattform von unterschiedlichen Ahorn-Arten wahr. Die Blattform bezieht sich meist auf die Blattspreite (= Blatt minus Blattstiel). Dabei kann man unterscheiden, ob es sich um ein Einzelblatt,

Abb. 20: Ist das obere Teilblatt des Gierschs in drei Einzelblättchen unterteilt, so wirken das linke und das rechte Blatt teilweise wie »zusammengewachsen«.

ein einfaches Blatt oder um ein zusammengesetztes handelt. Das Blatt des Spitzahorns (*Acer platanoides*) ist einfach – es besteht aus einem Blatt, das auf besondere Weise geformt ist. Das Blatt des Rotklees hingegen ist in drei (manchmal vier) einzelne Blättchen unterteilt, der Volksmund hat also recht, wenn er von *einem* vierblättrigen Kleeblatt spricht. Beim Giersch lässt sich oft sogar noch nachvollziehen, dass seine Einzelblätter ursprünglich einmal als Einzelblatt konzipiert waren, das sich durch die Evolution in voneinander getrennte Blätter aufgeteilt hat. Nämlich dann, wenn man Gierschblätter findet, bei denen die Teilblätter (Blättchen oder Fieder) scheinbar miteinander »verwachsen« sind.

Folgende Blattformen kommen häufig vor, Sonderformen und seltene Varianten habe ich weggelassen:

Abb. 21: Beim fingerförmigen Blatt entspringen die Teilblätter der Blattmitte, wie die Finger der Hand.

Abb. 22: Ein leierförmiges Blatt. Die Drehleier war ein mittelalterliches Instrument mit ähnlichem Innenaufbau.

Abb. 23: Das pfeilförmige Blatt des Wiesen-Sauerampfers.

Abb. 24: Der kleine Sauerampfer hat hingegen eher spießförmige Blätter.

Abb. 25: Hier erkennt man herzförmige Laubblätter.

Abb. 26: Nicht wenige heimische Laubbäume und Sträucher besitzen eiförmige Blätter.

Manchmal ist es etwas vertrackt, herauszufinden, ob es sich nun um Einzelblätter oder um mehrere Fiederblätter eines Blatts handelt, nachzuvollziehen auf den beidenfolgenden Fotos:

Abb. 27: Oberhalb der Erde könnte man mehrere Giersch-Individuen vermuten, ein Ausgraben bringt jedoch Licht ins Dunkel: Hier handelt es sich um eine Pflanze, die sich unterirdisch verzweigt.

Abb. 28: Das Walnussblatt hat mehrere Teilblätter. Das Blatt sitzt an einem Zweig an, erkennbar an der verdickten Stelle.

Blattstiel

Der Blattstiel kann ein wichtiges Unterscheidungsmerkmal sein, dabei schaut man sich unter anderem seine Länge an. Ist generell ein sichtbarer Stiel vorhanden, spricht man von »gestielt«, ist er nicht zu sehen, von »sitzend«. Sitzende Blätter haben oftmals auffällige Übergänge zwischen Blattspreite und Sprossachse (»Stängel«), besondere Formen sind hierbei »stängelumfassend« und »herablaufend«.

Abb. 29: Stängelumfassend: Das Blatt »umschließt« den Stängel wie hier beim Turmkraut (*Arabis glabra*).

Abb. 30: Beim Echten Beinwell (*Symphytum officinale*) erkennt man, wie der Blattstiel ganz eng am Stängel sitzt. Er ist »herablaufend«.

Blattrand

Der Rand eines Blatts hilft bei der Bestimmung ungemein. Hierbei kommen häufig folgende Merkmale vor, wobei man sich die Ausbuchtungen als »Berge« und die Lücken zwischen zwei Bergen als »Täler« vorstellen kann:

Sprossachse (»Stängel«)

Die Sprossachse verbindet Wurzel und Blätter, verschafft Stabilität und ermöglicht es vielen Pflanzen, in die Höhe zu wachsen, um eine höhere Lichtausbeute zu erreichen. Beim Baum ist die Sprossachse der Stamm, bei Gräsern der Halm

Abb. 31: Ganzrandiges Blatt. Bei der Rotbuche sind die Blattränder »glatt«, ohne Zacken oder Ausbuchtungen.

Abb. 32: Gekerbte Blätter haben am Blattrand abgerundete Berge, die Täler zwischen zwei Bergen sind spitz.

Abb. 33: Bei gebuchteten Blättern wie von der Eiche wechseln sich runde Berge und runde Täler am Blattrand ab.

Abb. 34: Bei gezähnten Blatträndern wechseln sich spitze Berge und runde Täler ab, wie z.B. bei der Stechpalme.

Abb. 35: Bei gesägten Blatträndern sind sowohl die Berge als auch die Täler spitz, wie z. B. bei der Brennnessel.

Abb. 36: Die mächtige Sprossachse vom Riesen-Bärenklau.

und bei den anderen krautigen, nicht verholzenden Pflanzen ist es der Stängel.

Das Gewebe der Sprossachse kann weich und flexibel sein, sodass die Pflanze eher ein horizontales Wachstum aufweist, bis sie sich zum Beispiel an anderen Pflanzen »hochzieht«. Oder aber sie ist hart und stabil und kann, wie beim Riesen-Bärenklau (*Heracleum mantegazzianum*), beachtliche Durchmesser erreichen, sodass man den Stängel schon fast für einen Stamm halten könnte.

Weiterhin spielt die Art der Verzweigung bei der Bestimmung eine Rolle, ebenso wie Behaarung und Querschnitt des Stängels. Der äußere Rand des Querschnitts kann glatt und kreisrund oder auf besondere Weise gestaltet sein. Viele Doldenblütler haben beispielsweise einen sichtbar und fühlbar gefurchten Stängel. Zudem kann dieser hohl oder gefüllt sein.

Es kommen aber auch einige Sonderformen vor, die man auf den ersten Blick nicht unbedingt als Teil der Sprossachse wahrnimmt:

Dornen und Stacheln: Sie sind teilweise umgestaltete Blätter (bei Robinien oder Kakteen), wobei sie jedoch aus der Sprossachse entstanden sein können wie etwa beim Weißdorn und vielen Wildobstarten. Stacheln hingegen entstehen aus der äußersten Schicht, der Epidermis oder Haut einer Pflanze, und lassen sich meist leicht abbrechen. Rosen haben keine Dornen, sondern Stacheln, ebenso wie Brom- und Himbeeren, die ebenfalls zur Familie der Rosengewächse gehören. Wer hätte das gedacht?

Rhizome: Ich war stark beeindruckt, als ich während meines Studiums zum ersten Mal wirklich verstand, was genau Rhizome sind, denn zuvor hatte ich sie für irgendeine Art von Wurzeln gehalten. Das ist aber falsch. An den Rhizomen sitzen zwar meist viele Wurzeln, sie selbst aber haben mit ihnen nichts am Hut. Rhizome sind unterirdisch und horizontal wachsende Sprossachsen, also Stängel! Das ist insofern von Bedeutung, als dass rhizombildende Pflanzen an manchen Standorten einem einzigen Individuum zugeordnet werden können. Unter Umständen können große Teile eines Rasens oder ein ganzer Schilfbestand eines Sees ein einziges Individuum mit vielen durch die Oberfläche brechenden »Fingern« sein. Diese Finger sind die sichtbaren Teile der Schilfpflanzen. Der Großteil der Pflanze liegt aber miteinander verbunden im Verborgenen.

Abb. 37: Die Rhizome des Schilfs (*Phragmites australis*) sind oft sehr stabil. Sie verbinden einzelne Stängel unterirdisch, sodass es – ähnlich wie beim Bambus – gar nicht so einfach ist, sie aus dem Verband zu lösen.

Blüte

Für die Bestimmung von Pflanzen ist die Blüte vielleicht das wichtigste Organ. Diese beinhaltet die »Geschlechtsorgane« der Pflanze und dient der Fortpflanzung. Wie im Tierreich gibt es auch bei den Pflanzen männliche, weibliche und zwittrige Individuen. Letztere kommen bei den Tieren fernab von Schnecken, Würmern und Nesseltieren doch eher selten vor, bei Pflanzen ist Hermaphroditismus weitverbreitet. Männliche Keimzellen sind kleiner und zumeist beweglich im Gegensatz zum weiblichen Pendant – der Eizelle. Die von den Staubblättern erzeugten Pollenkörner schützen die männlichen Keimzellen, damit sie unbeschadet den Weg bis zu den Eizellen finden, die in den weiblichen »Fortpflanzungsorganen« der Pflanzen (Samenanlagen) in der Blüte liegen. Die Begriffe »zwittrig«, »einhäusig« und »zweihäusig« werden oft durcheinandergebracht. Bei zwittrigen Pflanzen sind sowohl die weiblichen als auch die männlichen Organe in derselben Blüte vorhanden. Bei einhäusigen Pflanzen sitzen weibliche und männliche Organe auf einem Individuum, sind jedoch in zwei unterschiedlichen Blüten aufgeteilt. Bei zweihäusigen Pflanzen hat jedes Individuum entweder nur rein weibliche oder nur männliche Blüten.

Manchmal kommt es vor, dass die Individuen einer Art sich nicht so recht »entscheiden« können, ob sie nun zwittrig, einhäusig oder zweihäusig sind. So bilden einige Individuen des Sand-Thymians (*Thymus serpyllum*) nur weibliche Blüten, das Individuum nebenan wartet mit zwittrigen Blüten auf.

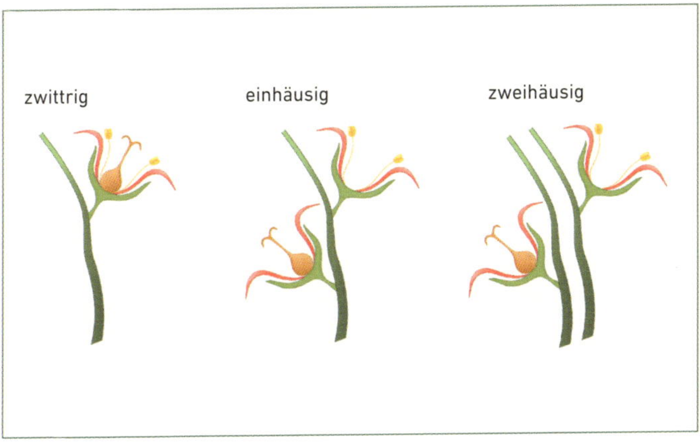

Abb. 38: Übersicht über die Geschlechtsverteilung bei Pflanzen. Rot: weibliche Blütenorgane, gelb: männliche Blütenorgane.

In der Regel bleiben Pflanzen dieser Einteilung aber recht treu, sodass das Wissen um die vorhandenen Geschlechtstypen der Blüten bereits einen ganzen Sack an Pflanzenarten ausschließt und man die Suche schon etwas eingrenzen kann. Genau das wird im Rahmen der »Bestimmungsschlüssel« in Büchern auch getan.

Den Aufbau und die Einzelteile einer Blüte zu kennen, ist für eine sichere Bestimmung geradezu unerlässlich:

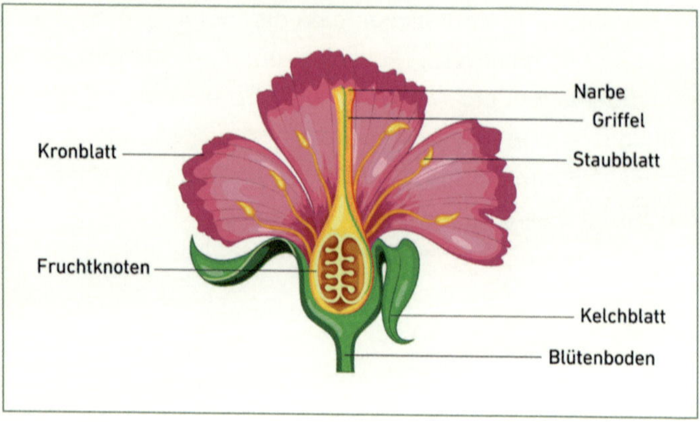

Abb. 39: Der schematische Aufbau einer zwittrigen Blüte. Die hier abgebildeten Fachbegriffe sollte man sich für eine sichere Bestimmung verinnerlichen.

Um eine Pflanze zu bestimmen, sollte man zwischen Kelch- und Kronblättern unterscheiden. Als Vergleich helfen hier die Klatschmohnblüte und das Mohnpüppchen.

Die Kronblätter sind die schönen roten Blütenblätter, diese bilden beim Mohnpüppchen das rote, pompöse Kleid. Die Kelchblätter sind oft grünlich und bilden etwas behaarte

Abb. 31: Vor allem die Kleinen lassen sich von selbst gebastelten Mohnpüppchen schnell begeistern. Aber nur bei größeren Beständen pflücken!

Schulterpolster. Nicht alle Pflanzen haben sichtbare Kelchblätter. Die Tulpe zum Beispiel hat auf den ersten Blick keine. Tatsächlich aber haben ihre Kelchblätter die gleiche Farbe und Größe wie die Kronblätter, man spricht hier von einem Perigon.

Diese Strukturen und Eigenschaften von Blüten sind bei der Pflanzenbestimmung besonders wichtig:

Pflanzenspiele mit Mohnpüppchen

Eine wunderbare Beschäftigung mit Wildpflanzen, vor allem für die Kleinen: Man zwicke eine noch geschlossene Knospe einer Mohnblüte samt einem ein Zentimeter langen Stängel ab und sammle eine unreife Mohnkapsel. Die grünen Kelchblätter vorsichtig an der Kerbe auseinanderziehen und unter die roten Blütenblätter entfalten. Dann das Köpfchen (die Mohnkapsel) in den Blütenstiel stecken. Fertig ist das Püppchen!

Blütenblätter
Zu den Blütenblättern gehören nicht nur die äußeren Kron- und Kelchblätter, sondern auch die »Geschlechtsorgane« der Pflanze, da diese ursprünglich aus Blättern hervorgegangen sind. Die Staubblätter (♂) sind die länglichen Strukturen, an denen oben der Pollen haftet. Zu den Fruchtblättern (♀) gehören die Samenanlagen, der Fruchtknoten und der in der Blüte sichtbare Griffel.

Anzahl und Beschaffenheit der Blütenblätter

Jede Pflanzenart hat einen charakteristischen Blütenaufbau. Wir können nicht nur die Kron- und Kelchblätter einer Blüte zählen, sondern zudem feststellen, wie sie zueinanderstehen (sind sie miteinander verwachsen, überlappen sie sich?) und wie die Oberfläche beschaffen ist (sind die Kronblätter hauchdünn, die Kelchblätter behaart?).

Zudem kann man sich die Strukturen der »Blüten-Geschlechtsorgane« genau anschauen: Hat die Blüte Staubblätter? Wenn ja, wie viele? Und wie stehen sie zueinander? Gibt es Griffel, und wenn ja, wie sieht die Narbe oben an der Spitze aus? Zu guter Letzt schaut man sich auch die Stellung des Fruchtknotens an, dies wird in spezieller Bestimmungsliteratur ausführlich erklärt.

Farbe

Blütenpflanzen wollen nicht uns gefallen, sondern in erster Linie den Tieren, die ihnen einen Vorteil bringen – den Bestäubern. 88 Prozent aller »Bedecktsamer« brauchen Tiere für eine erfolgreiche sexuelle Vermehrung, in den meisten Fällen sind dies Insekten wie Wildbienen, Käfer, Schmetterlinge oder Fliegen. Außerhalb Europas gibt es daneben noch Fledermäuse, Flughunde, Vögel, Mäuse und andere Tiere, die bei der Bestäubung eine wichtige Rolle spielen. Jede Pflanzenart hat ein bestimmtes Spektrum an Bestäubern, und von deren »Vorlieben« hängt die Blütenfarbe ab.

Die Farbgebung der Kronblätter ist oft markant, weshalb viele Bestimmungsbücher für Anfänger die Pflanzen anhand ihrer Blütenfarbe einteilen. Dagegen spricht erst einmal nichts, jedoch sollte man dabei Folgendes bedenken: Es gibt einzelne Individuen, die andere Blütenfarben aufweisen als ihre Artgenossinnen. So findet man relativ häufig weiße Farbvarianten bei der ansonsten in Blautönen blühenden Gemeinen oder Gewöhnlichen Wegwarte (*Cichoryum intybus*). Mittlerweile weiß man, dass bereits kleinste Änderungen im Genom eine Änderung der Blütenfarbe bewirken können. Die Farbe kann sich aber auch während der Entwicklung eines Individuums verändern – das passiert vielfach bei Familien mit Blütenfarben, die vom pH-Wert abhängig sind (Borretschgewächse). Anfangs sind die nektarreichen Blüten rosa, später verfärben sie sich bläulich und teilen den Bestäubern mit: »Achtung! Blüte fast leer, Anflug lohnt nicht.«

Blütenform/Sonderformen

Doch nicht nur die Farbe hängt vom Bestäuberspektrum ab, ebenso die Blütenform. Daher hat diese manchmal eine gewisse »Türsteherfunktion« – so werden viele Lippenblütler von großen Hummel-Arten bestäubt, denn die meisten anderen Insekten sind zu schwach, um die schwere Oberlippe hochzudrücken und an Nektar und Pollen zu gelangen. Andere Arten umgehen das Problem, indem sie die Blüte unten aufbeißen und über diesen Weg an den Nektar gelangen. Wie frech! Neben der Farbe geben Form und

Aufbau ganz wichtige Unterscheidungsmerkmale, weshalb man sich damit intensiver beschäftigen sollte, möchte man Pflanzen bestimmen. Folgende Blütenformen kommen häufig vor und werden hier stark vereinfacht dargestellt:

Lippenförmige Blüten

Die Kronblätter sind meist so miteinander verwachsen, dass sie eine Röhre bilden. Diese Blütenform erinnert tatsächlich an Lippen, oft findet man hier eine Ober- und eine Unterlippe vor, wobei Letztere bei manchen Arten winzig und kaum sichtbar ist. Diese Form hat einer ganzen Familie ihren Namen gegeben – den Lippenblütlern, zu denen bekannte Küchenkräuter wie Oregano oder Basilikum, aber auch Taubnesseln oder der Gundermann (*Glechoma hederacea*) gehören. Doch andere Familien haben ebenso Arten mit

Abb. 41: Eine für die *Lamiaceaen* typische Lippenblüte.

lippenförmigen Blüten, so die Sommerwurzgewächse (*Orobanchaceae*). Bei ihnen muss man sich noch weitere Merkmale ansehen, um die Familienzugehörigkeit eindeutig bestimmen zu können. In einigen Lippenblüten ist eine Art »Schlagbaummechanismus« eingebaut – drückt sich der Bestäuber in die Blüte, um an den Nektar zu gelangen, biegen sich die Staubblätter über ein Gelenk in Richtung des Rückens des Nektartrinkers und betupfen ihn mit Pollen. Sehr findig!

Schmetterlingsblüten

Schmetterlingsblüten heißen so, weil die Kronblätter an die ausgefalteten Flügel von Schmetterlingen erinnern. Dabei bilden die beiden unteren, faltig miteinander verwachsenen Kronblätter das sogenannte Schiffchen, die Blätter links und

Abb. 42: Eine Schmetterlingsblüte des Hornklees.

rechts davon werden als Flügel bezeichnet und das große obere Blatt nennt sich Fahne. Diese Form kommt sehr häufig bei den Hülsenfrüchtlern (Fabaceae) vor, wie zum Beispiel Klee, Luzerne, Ginster, und sie haben aufgrund der Blütenform auch ihren Namen erhalten. Manchmal fällt es Anfängern schwer, Lippen- von Schmetterlingsblüten zu unterscheiden. Da hilft ein einfacher Trick: Wenn man vorsichtig ein einzelnes Kronblatt herauszupft und dies ohne zu Zerreißen funktioniert, hat man wahrscheinlich eine Schmetterlingsblüte in der Hand – die Kronblätter der Lippenblüten sind nämlich miteinander verwachsen.

Scheibenblumen

Diese Blütenform ist napf- beziehungsweise scheibenförmig, bietet vielen Insekten eine hervorragende Landeplattform und einen einfachen Zugang zu Pollen und Nektar. Sie ist sehr häufig anzutreffen, ein anschauliches Beispiel wären hier die Blüten der Gattung Hahnenfuß (*Ranunculus*) oder die Blüten der Malven (Malvaceae).

Abb. 43: Viele Hahnenfußgewächse haben sogenannte Scheibenblumen.

Stieltellerblumen

Die Blüten sind ähnlich aufgebaut wie die bei einer Scheibenblume, nur dass sie auf einem Stiel aufsitzen. An den weiter unten in der Röhre sitzenden Nektar gelangt nur, wer einen entsprechend langen Rüssel hat, weshalb Falter bei dieser Blütenform klar im Vorteil sind. Sie kommt bei einigen Borretschgewächsen (Vergissmeinnicht) oder bei vielen Nelken vor.

Abb. 44: Die stieltellerförmige Blüte eines Vergissmeinnichts.

Trichterblumen/Glockenblumen/Becherblumen

Je nach Ausrichtung der Glocke kann man zwischen Trichter-, Glocken- oder Becherblumen unterscheiden. Allen gemein ist, dass die Kronblätter zu einem glockenartigen Gebilde zusammengewachsen sind, was der Familie der Glockenblumengewächse (Campanulaceae) ihren Namen gegeben hat. Glockenförmige Blüten werden nachts gerne

Abb. 45: Ein sehr treffender Name: Glockenblume.

von einigen Insekten aufgesucht. Nicht etwa, um sie zu fressen – sie nutzen sie als »Übernachtungsblumen«, denn sie schützen vor Wind und Wetter.

Blütenstand-Typen

Will man Unterschiede und Gemeinsamkeiten zwischen Pflanzen feststellen, kann man sich neben Blütenformen noch zusätzlich ansehen, in welcher Weise die einzelnen Blüten angeordnet sind. Es gibt Pflanzen, bei denen ist die Sachlage ganz unkompliziert: Eine Tulpe hat ein paar Laubblätter, einen Stängel und ganz oben sitzt eine einzelne Blüte. Doch das ist im Pflanzenreich eher eine Seltenheit – tatsächlich weisen die meisten Arten mehrere Blüten auf. Diese sind nicht willkürlich an der Pflanze angeordnet, sondern vorwiegend in charakteristischer Art und Weise. Hier werden nur besonders häufige Formen dargestellt:

Ähre

Die Ähre zeichnet eine gestreckte Hauptachse (»Stängel«) aus, an der Blüten ohne Stiele zu erkennen sind. Besonders gut sieht man das bei vielen Getreidearten.

Kolben

Der Kolben ist im Prinzip eine Ähre, bei der derjenige Teil der Hauptachse, an dem die ungestielten Blüten sitzen, verdickt ist. Mais- oder Rohrkolben sind hier gute Beispiele.

Traube

Eine Traube hat ebenfalls eine gestreckte Hauptachse, die mit den einzelnen Blüten direkt und ohne Abzweigungen verbunden ist. Im Gegensatz zu den vorher genannten Blütenstandstypen haben die Einzelblüten bei der Traube jedoch Stiele. Sie sind somit gestielt. Diese Form kommt bei sehr vielen Pflanzen vor, zum Beispiel beim Senf, beim Hirtentäschelkraut (*Capsella bursa-pastoris*) oder der Vogel-Wicke (*Vicia cracca*).

Rispe
Bei der Rispe stehen die Blüten nicht direkt an der Hauptachse, stattdessen sind die Blütenstiele mehrfach verzweigt. Besonders gut ist das beim Wiesen-Labkraut (*Galium mollugo*) zu beobachten.

Wickel
Es braucht einen Moment, um zu verstehen, wie der Wickel aufgebaut ist. Die Hauptachse endet in einer einzelnen Blüte. Unter dieser jedoch beginnt ein »Nebenast« des Stängels, der wiederum in einer Blüte mündet. Unter dieser folgt wieder ein weiterer Nebenast und so weiter. Schön ist das bei den Vergissmeinnicht-Arten oder der Tomate zu sehen.

Dolde
Oft werden fälschlicherweise Arten wie die Schafgarbe als Doldenblütler gehalten, doch eigentlich ist es ganz einfach, eine echte Dolde zu erkennen. Bei einer solchen entspringen alle Einzelblüten einem Punkt, was bei der Schafgarbe nicht der Fall ist, bei den Doldenblütengewächsen wie der Wilden Möhre jedoch

schon. Eine besondere Form der Dolde ist die Doppeldolde – hier kommen nicht Einzelblüten aus einem Punkt, sondern kleine Grüppchen an Blüten (Döldchen).

Spezialfall Korbblüten

Wer sich die Blüte der Kamille oder der Sonnenblume genauer ansieht, wird feststellen, dass es sich dabei gar nicht um *eine* Blüte handelt, sondern vielmehr um ganz viele kleine Blüten, die alle dicht beieinanderstehen. Hat man also eine Kamille gepflückt, hält man nicht eine Blüte, sondern vielmehr Hunderte von Blüten in der Hand, die zusammen in einem körbchenförmigen Blütenstand stehen. Diese besondere Form der »Köpfchen« findet sich – wer hätte das gedacht – bei der Familie der Korbblütengewächse. Zu denen gehören neben den Löwenzahn-Arten und der Gemeinen Wegwarte Arten, bei denen man den Korb erst bei intensivster Betrachtung entdeckt, so beim Gewöhnlichen Beifuß oder beim Echten Wermut.

Die Blüten sind hier keine Einzelblüten, sondern Blütenstände. Aber was ist dann eine Einzelblüte? Nehmen wir das Gänseblümchen: In der Mitte sind viele kleine gelbe »Röhrenblüten« zu sehen, außen einzelne weiße »Zungenblüten«. Die Röhrenblüten bieten den Bestäubern zumeist Nektar, auch bilden sie größere Mengen von Pollen, dagegen haben die äußeren Zungenblüten hauptsächlich eine Schaufunktion. Sie sind so etwas wie die »Blinklichter der Landeplattform Gänseblümchen«. Die grünlichen Blätter auf der unteren Seite, die man auf den ersten Blick für Kelchblätter halten kann, bezeichnet man als Hüllblätter. Warum? Weil es sich beim Gänseblümchenkopf nicht um eine Blüte, sondern um einen Blütenstand handelt. Die Kelchblätter befinden sich direkt an den vielen winzigen Einzelblüten!

Beim Gänseblümchen oder der Kamille kommen also Zungenblüten und Röhrenblüten vor. Es gibt aber auch Korbblütengewächse, die nur Röhrenblüten haben (Rainfarn). Bei anderen Arten wie dem Löwenzahn wiederum entpuppen sich die Blüten in der Mitte als geschlossene Zungenblüten, selbst wenn sie wie Röhrenblüten aussehen; doch die gibt

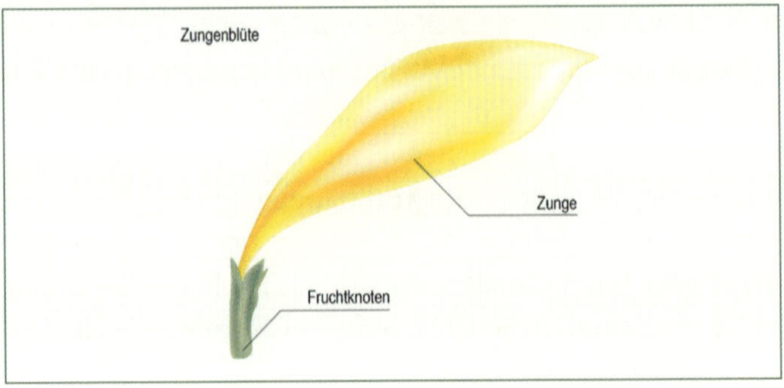

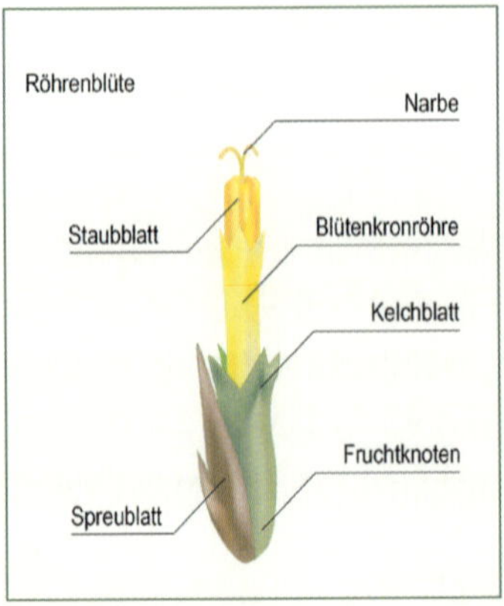

Abb. 46: Zungenblüte: Diese Blütenform sitzt bei vielen Korbblütlern am Rand der Blüte.

Abb. 47: Die Röhrenblüten stehen oft mittig, bei einigen Arten fehlen sie ganz.

es hier nicht. Das ist etwas verwirrend, aber für eine umfassende Bestimmung ist es wichtig, diese beiden Blütentypen unterscheiden zu können, da man sonst im Bestimmungsschlüssel schon am Anfang einen falschen »Weg« einschlägt.

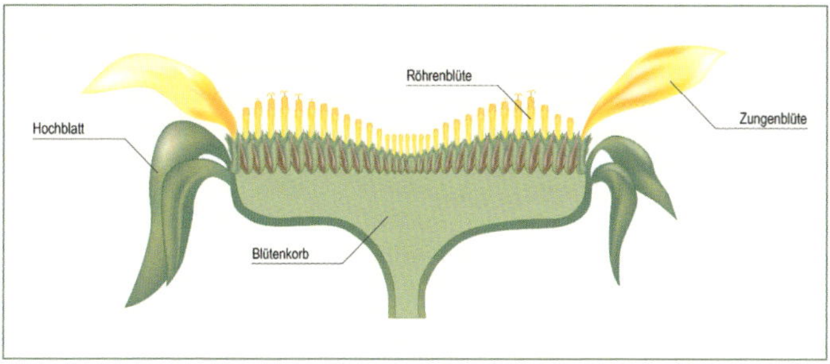

Abb. 48: Eine schematische Darstellung eines körbchenförmigen Blütenstandes. Es handelt sich nicht um eine große Blüte, sondern um viele kleine Einzelblüten.

Größe

Natürlich spielt – neben Farbe und Gestalt der Blüte – auch die Größe eine Rolle bei der Pflanzenbestimmung. Hierbei ist jedoch zu bedenken, dass die Blütengröße vom Standort, von der Jahreszeit und der individuellen Entwicklung einer Pflanze abhängen kann.

Pflanzenbestimmung – Buch oder App?

Ich werde auf den Kräuterführungen oft nach Literaturtipps gefragt und ob es nicht besser wäre, Pflanzen-Apps zu verwenden. Ich werde im Folgenden auf beides eingehen, aber zugleich eine Lernmethode empfehlen, die den Kursteilnehmern oft geholfen hat.

Bücher

Mittlerweile sind unzählige Wildpflanzen-Bestimmungsbücher auf dem Markt, und diese Fülle macht es einem nicht gerade leicht, sich für eines zu entscheiden. Prinzipiell kann man zwischen zwei Arten von Bestimmungsliteratur unterscheiden:

Bildbände: Sie eignen sich besonders gut für Anfänger, da meist nur häufig vorkommende Arten vorgestellt werden und große Bilder oder Zeichnungen einen guten ersten Eindruck über das Aussehen einer Pflanze ermöglichen. Oft sind die Pflanzen nach Standorttypen gruppiert (Pflanzen an Gewässerufern etc.). Man fragt sich also: Wo befinde ich mich gerade – auf einer gedüngten Wiese oder einer Ruderalfläche? Entsprechend schlägt man das jeweilige Kapitel auf. In ihm findet man dann alle Pflanzen, die an diesem Standort voraussichtlich anzutreffen sind. Viele Bildbände gehen von der Blütenfarbe aus, manchmal auch von der Form. Über Tabellen, die Artprofile darstellen, oder anhand eines Registers muss man dann suchen. Oft findet man bei den Artprofilen Angaben über Größe, Biologie, Blütezeitraum, Inhaltsstoffe, Verwendung und Wissenswertes. Aber was ist besser: Bildbände mit Fotos oder mit Zeichnungen? Ältere Fotobände sind oft unbrauchbar, da die Aufnahmen meist von schlechter Qualität sind und die Bildausschnitte oft nicht gut gewählt, sodass man wichtige Details nicht erkennen kann. Zeichnungen haben den Vorteil, dass Einzelheiten herausgestellt werden, die für eine Bestimmung hilfreich sind. Mittlerweile gibt es aber gute Bildbände, die Fotos der gesamten Pflanze und Detailzeichnungen kombinieren.

Will man sich intensiver mit Pflanzen beschäftigen und nicht nur die »Allerweltsarten« bestimmen, so wird die geringe Artenzahl in diesen Werken aber zu einem Nachteil. Oft wird hier nicht erwähnt, dass die gezeigte Art eine von vielen ihrer Gattung ist, und somit bekommen die Nutzer eine falsche Sicherheit bei der Bestimmung. Schnell ist man dann zum Beispiel geneigt, alle weiß blühenden Klee-Arten als Weißklee einzustufen, obwohl es eine Reihe ähnlicher Arten gibt. Wäre eine Verwechslung beim Klee noch harmlos, kann dies ja bei den Doldenblütlern doch gefährlich werden. Leider fehlen dazu in den einfachen Bestimmungsbüchern vielfach entsprechende Hinweise.

Profilektüre mit dichotomem Bestimmungsschlüssel

»Bestimmungsschlüssel« ist eine sehr treffende Bezeichnung. Denn mit seiner Hilfe kann man die Türen der Anonymität einer Art öffnen und sie erkennbar werden lassen. Dichotom bedeutet hierbei »zweiteilig« oder »gegabelt« und heißt nichts anderes, als dass man sich immer zwischen zwei Wegen entscheiden muss. Professionelle Bestimmungsschlüssel sind relativ kompakt, beinhalten Tausende von Arten, Bilder

Dichotome Bestimmungsschlüssel
Professionelle Bestimmungsliteratur arbeitet immer mit dichotomen Schlüsseln. Dabei bekommt man zwei Beschreibungen eines Merkmals vorgelegt, und jeder »Weg« führt wiederum zu einem neuen Merkmal mit ebenfalls zwei Entscheidungsmöglichkeiten – und so weiter.

sucht man – bis auf winzige Detailzeichnungen hier und dort – vergebens. Wer Zeichnungen möchte, der muss sich zumeist einen dazugehörigen Band, in dem in der Regel nur Schwarz-Weiß-Zeichnungen zu finden sind, zulegen. Man kann mit dieser Profilektüre alle heimischen Pflanzen bestimmen, zum Teil ist die Bestimmung aber auch sehr zeitaufwendig, weil man sich erst einmal mit dem benutzten Fachvokabular auseinandersetzen muss. Alle Vokabeln dieser »Sprache« muss man zwar nicht komplett lernen, wenn man aber jedes Mal nachschlagen muss, verbringt man mitunter Stunden damit. Wer eine gute Artenkenntnis hat und anhand gewisser Merkmale bereits die Familie ausmachen kann, ist klar im Vorteil.

Ab einem gewissen »Level« verwendet man ausschließlich dichotome Bestimmungsschlüssel, wer das aber nicht beruflich oder aus wissenschaftlichen Gründen macht, für den ist die folgende Variante wahrscheinlich am geeignetsten. Diese eignet sich aber nicht unbedingt für Anfänger, sondern eher für Fortgeschrittene:

Kombinierte Bestimmungsbücher
Einige tolle Bücher kombinieren die Vorteile der Bildbände und der Bestimmungsschlüssel. Man hat also einen dichotomen Bestimmungsschlüssel, der mit Fotos und Zeichnun-

gen ergänzt ist, sodass man nur zum Teil auf die Fachbegriffe angewiesen ist. Zwar ist die Artenanzahl begrenzter als bei den Profibüchern, jedoch weitaus umfassender als bei den Bildbänden. Will man weitere Infos haben, etwa zur Verwendbarkeit, kann man die gefundene Art dann in der jeweiligen Spezialliteratur nachschlagen. Ein Buch, das alles beinhaltet, gibt es nicht. Es wäre einfach zu dick, zu unhandlich.

Bestimmungs-Apps

Die rasante Entwicklung digitaler Technologien mag ihre Schattenseiten haben, bei der Bestimmung von Pflanzen können sie eine große Hilfe sein. Inzwischen gibt es viele, teils kostenlose Pflanzen-Apps, die erstaunlich gute Ergebnisse liefern. Einige Apps funktionieren mit schriftlichen Bestimmungsschlüsseln, bei ihnen werden Dinge wie Blütenfarbe oder Anzahl der Kronblätter nachgefragt, sodass sich die Möglichkeiten immer weiter reduzieren. Noch interessanter sind fotobasierte Apps. Hier macht man ein Foto der Blüte, des Laubblatts und manchmal auch der gesamten Pflanze und bekommt innerhalb weniger Sekunden einen Vorschlag ausgespuckt.

Mitte 2018 probierte ich eine solche Bestimmungs-App aus – und war verblüfft. Ich hatte ein verwackeltes Bild von der Blüte eines Stinkenden Storchschnabels (*Geranium robertianum*) aufgenommen, und die App spuckte sofort das richtige Ergebnis aus. Gefühlsmäßig konnte ich mich nicht entscheiden: Ich war einerseits begeistert, andererseits am Boden zerstört. War mein Job als Umweltbildner und Wildkräuterexperte in wenigen Jahren völlig überflüssig? Kurze Zeit später hatte ich mich aber wieder gefangen, schließlich kann eine App eine Live-Führung nicht ersetzen (was auch nicht ihr Ziel ist). Mittlerweile nutze ich selbst regelmäßig Apps, vor allem, um meine Funde zu dokumentieren.

Meiner Erfahrung nach gibt es bei den Apps große Unterschiede, was die »Erfolgsquote« angeht, diese liegt zwischen 70 und 90 Prozent. Dabei scheinen den Bestimmungs-Apps manche Pflanzengruppen besonders schlecht zu liegen, so sind die Ergebnisse bei Gräsern, Doldenblütlern und Korbblütlern oft mager.

Dass diese Apps manchmal versagen, liegt unter anderem an den bereits genannten Schwierigkeiten bei der Pflanzenbestimmung. Je nach Standort, Jahreszeit und Individuum können einzelne Pflanzenteile anders aussehen. Zudem sind einige Bestimmungsmerkmale so unscheinbar, dass man ein hochauflösendes Foto benötigen würde, damit die App ein sicheres Ergebnis liefern könnte. Doch die Trefferquoten werden in den nächsten Jahren, da bin ich mir sicher, immer besser werden. So »lernen« die Apps nicht nur mit jedem neu hochgeladenen Bild dazu, auch werden die Algorithmen stets ausgefeilter.

Diese zwei folgenden Apps kann ich euch ans Herz legen:

Flora Incognita
Dieses Projekt wurde von der Technischen Universität Ilmenau und vom Max-Planck-Institut für Biogeochemie Jena ins Leben gerufen, und die kostenfreie App gehört zu den besten Bestimmungsapps für Deutschland und Mitteleuropa.

PlantNet
Diese ebenfalls kostenfreie App kann weltweit angewendet werden! Bei der mitteleuropäischen Flora ist Flora Incognita zwar genauer, der Vorteil bei PlantNet ist aber, dass sie ein sehr breit gefächertes »Wissen« aufweist und auch problemlos Zimmerpflanzen und exotische Gartenpflanzen erkennt.

Pflanzenlernen

Die Motivation, sich Artenkenntnisse anzueignen, ist von Mensch zu Mensch verschieden. Die einen sind neugierig, was neben den Zucchini und dem Löwenzahn sonst noch so im eigenen Garten wächst. Andere haben beruflich etwas mit Pflanzen zu tun und möchten ihr Wissen erweitern, und wiederum andere wollen Wildkräuter als Heilkräuter oder Wildgemüse verwenden. Niemand kann die 10000 bei uns vorkommenden Pflanzenarten ohne Lektüre auseinanderhalten, warum sollte man auch? Dafür sind Nachschlagewerke ja da. Eine fundierte Artenkenntnis bedeutet nicht nur, dass man möglichst viele Pflanzenarten erkennen und beim Namen nennen kann, sondern dass man einen ganzheitlichen Überblick hat. Das bedeutet, dass man weiß, wo man bei einer Pflanze genau hinschauen muss, um sie einer Gruppe (wie zum Beispiel einer Familie) zuordnen zu können. Dass man mit der Zeit ein Gefühl für Standorte, für die Vegetationsperiode (»Wachstumszeit«) und die Blütezeit bekommt. Dass man über die Schwierigkeiten bei der Bestimmung gewisser Pflanzengruppen Bescheid weiß.

All dies lernt man nicht an einem Tag und ist überhaupt nie ganz zu erreichen. Das ist wie beim Erlernen einer Sprache oder eines Instruments. Das Lernen ist hierbei ein andauernder Prozess, und es gibt keinen Stichtag, an dem man sagen kann: »So, seit heute habe ich, was unsere heimische Flora angeht, ausgelernt.« Wer Spaß bei einer Sache hat und sie regelmäßig wiederholt, wird mit der Zeit ganz »nebenbei« darin besser. Regelmäßigkeit und Wiederholung sind, wie bei allen Lernprozessen, sehr wichtige Elemente.

Weitere Punkte können dabei helfen, nachhaltige Artenkenntnis aufzubauen:

Realistische Erwartungen haben

»Ihr habt während der heutigen Kräuterwanderung an die dreißig Pflanzenarten kennengelernt. Das ist eine Menge!«, erkläre ich zum Abschluss.

»Mag ja sein«, sagt Ayşe, »aber ich kann froh sein, wenn ich die Hälfte davon heute Abend noch weiß.«

Der Rest der Gruppe lacht zustimmend.

Dass in zu hochgesteckten Zielen und Erwartungen ein großes Frustpotenzial steckt, ist kein Geheimnis. Dasselbe gilt beim Entdecken unserer heimischen Pflanzenwelt.

»Das ist ganz normal«, versuche ich zu beruhigen. »Ich könnte auch keine dreißig neuen Pflanzenarten an einem Tag dazulernen, ausgeschlossen.«

Es wird lerntheoretisch davon ausgegangen, dass man täglich zwischen fünf und sieben neue Arten nachhaltig abspeichern kann. Schließlich prägt man sich ja nicht nur den Namen der Pflanze ein, sondern mehrere Merkmale und die Besonderheiten im Vergleich zu ähnlichen Arten. Wenn dann noch Infos zu Verwendbarkeit etc. hinzukommen, mithin ein ganzes Paket, ist es nicht verwunderlich, wenn die Aufnahmekapazität begrenzt ist. Selbst wenn man sich nicht die Namen aller Arten während einer Kräuterwanderung merken kann, so wird man viele davon doch in nächster Zeit wiedererkennen – und wenn man sie dann nachschlägt, bleiben sie im Gedächtnis.

Praktisches Lernen mit Buch und App

Auch wenn viele Pflanzenbestimmungs-Apps erstaunlich gut funktionieren, so baut man mit ihnen noch keine nachhaltige Artenkenntnis auf. Wer einfach nur mit der App herumläuft, Pflanzen fotografiert und sich die Pflanzennamen ausspucken lässt, wird nichts lernen. Wichtig ist, dass man sich mit den Merkmalen auseinandersetzt und ein Auge dafür entwickelt. Und genau das passiert nicht bei der Nutzung einer Foto-App.

Deshalb schlage ich eine andere Methode vor, die in unseren Wildkräuterausbildungen eingesetzt wird: Zuerst muss man für sich das passende Bestimmungsbuch finden. Am besten geht man in eine Bücherei und schaut sich fünf oder sechs Bücher an. Oft weiß man recht schnell, was einem überhaupt nicht zusagt.

Ist das passende Werk gefunden, sollte man es bei Spaziergängen und Ausflügen so oft wie möglich dabeihaben. Fällt einem unterwegs eine Pflanze auf, deren Namen man gerne kennen würde, so kann man es auspacken und bestimmen. Hat man das Buch vergessen oder möchte es nicht mitschleppen, kann man auch Fotos mit dem Smartphone machen. Am besten eines von der gesamten Pflanze in ihrem Lebensraum. Dann zwei von der Blüte: eins von oben und eins von der Seite, im Idealfall ist eine Frucht vorhanden. Dann noch eins von einem bodennahen Laubblatt und eins von einem höherliegenden Blatt. Mithilfe dieser Aufnahmen kann man dann zu Hause nachschlagen. Hat man die entsprechende Art gefunden (oder glaubt, sie gefunden zu haben), kommt die App ins Spiel. Dieser »Assistent« bestätigt dann entweder den Verdacht oder gelangt zu einem anderen Ergebnis. Sollte die App anderes anzeigen, als man selbst herausgefunden hat, kann das unterschiedliche Gründe haben. Wie erwähnt, Apps sind nicht unfehlbar. Oder aber sie hat recht und man selbst ist zu einem falschen Ergebnis gekommen. Weil man ein paar Merkmale übersehen hat oder weil die Art in dem zuerst verwendeten Bestimmungsbuch gar nicht vorhanden war.

Die meisten Apps haben eine Art Tagebuchfunktion und speichern die gefundenen Arten automatisch ab. Hat man den Standort aktiviert, wird neben dem Funddatum sogar der genaue Fundort markiert. Das kann einem beim Lernen sehr helfen. Wenn ich mir bei einer für mich neuen Art nicht sicher bin, ob ich sie zuvor schon einmal gesehen habe, nutze ich kurzerhand die Suchfunktion in meinem Pflanzentagebuch und lasse mir Datum und Ort anzeigen.

Ich habe daraus einen kleinen Spleen entwickelt und mir sogar ein kleines Büchlein mit allen aufgelisteten heimischen Pflanzenarten drucken lassen. Dort »hake« ich meine »Perser« (so werden unter jungen Botanik- und Zoologienerds *pers*önliche *Er*stfunde genannt) ab und notiere mir Jahr und Ort. Das klingt sehr nerdig und ist es auch. Ich weiß nicht genau, was daran so großen Spaß macht, wahrscheinlich wird dabei irgendein steinzeitlicher Sammeltrieb bedient. Doch neben der Befriedigung eines uralten Bedürfnisses ist es einfach schön,sein Wissen zu erweitern und später mit anderen zu teilen.

Wiederholung

Für alle nachhaltigen Lernprozesse ist Wiederholung nötig. Das Tolle am Pflanzen-Lernen ist, dass man es immer machen kann, wenn man zu Fuß oder mit dem Fahrrad unterwegs ist. Egal ob auf dem Land oder in der Stadt, überall findet man von März bis in den Dezember hinein Wildpflanzen. Meine Erfahrung: Wenige Minuten am Tag reichen bereits aus. Man muss dafür keine Stunde reservieren und den Rucksack mit Bestimmungsliteratur vollpacken und losmarschieren. Auf dem Weg zur Bushaltestelle kurz einen Blick auf die Pflanze unter der Laterne werfen oder zwischen den Pflastersteinen und sich erinnern, dass man diese vor ein paar Tagen doch schon mal nachgeschlagen hat. Im Bus fällt es einem vielleicht wieder ein. Oder man holt beim Spaziergang mit dem Hund kurz das Buch raus und schaut in ihm nach dieser auffälligen gelben Blume, die man noch nie zuvor gesehen hat.

Hat man das Glück und ist im Besitz eines Gartens, kann man dort anfangen und eine Artenliste anlegen. Quasi eine Bestandsaufnahme der Pflanzenarten im eigenen grünen Reich. Wer nicht gerade eine zubetonierte und damit tote Versiegelungsfläche als »Garten« hat, wird überrascht sein, wie lang diese werden kann. Ignoriert man die kleinen

Pflänzchen dicht über dem Boden nicht, verwandelt sich selbst der Rasen plötzlich in einen artenreichen Miniaturregenwald.

Faustregeln

Es gibt ein paar Faustregeln, die ich den Wildkräuterinteressierten nach jeder Führung mitgebe. Die folgenden Aussagen sind nicht absolut, denn Ausnahmen sind vorprogrammiert. Absolute Aussagen über die Natur mit ihren unzähligen Lebensformen lassen sich schnell aushebeln, irgendein Tier, irgendeine Pflanze tanzt immer aus der Reihe. Nichtsdestotrotz haben Faustregeln ihre Berechtigung: Manchmal ist es sinnvoll, komplexe Zusammenhänge zu vereinfachen. Meine Regeln sind so aufgebaut, dass man im »schlimmsten Fall« eine essbare Wildpflanze als nicht essbar einstuft. Besser so herum, als eine mitnehmen, die am Ende doch giftig ist. Diese Faustregeln ersetzen aber keine tiefergehende Beschäftigung mit Wildpflanzen, vor allem nicht, wenn man sie als Lebensmittel verwenden möchte.

1. Niemals Wildkräuter konsumieren, bei denen man sich nicht sicher ist, um welche Art es sich handelt

Ich kann nicht oft genug erwähnen, wie wichtig es ist, keine unbekannten Wildpflanzen zu verwenden, ob als Tee oder als Wildgemüse. Nicht nur deshalb, weil es giftige und bisweilen sogar tödlich giftige Pflanzenarten bei uns gibt, die zum Teil auch gar nicht so selten sind. Zudem gibt es Pflanzen, die bei dauerhafter Aufnahme Langzeitschäden hervorrufen können (Leberschädigungen oder Krebs).

Demgegenüber stehen gewisse Pflanzengruppen, die man nicht bis zur Art bestimmen muss, möchte man sie verwenden. Sonst gäbe es nur eine Handvoll Menschen in Deutschland, die sich einen Löwenzahnsalat zubereiten könnten – so schwierig und kompliziert ist hier die Artbestimmung. Beim Löwenzahn kann man sich merken, dass man alle Löwenzahn-Arten und auch »löwenzahnähnliche« Gattungen verwenden kann, nur dürfen es keine Greiskräuter sein. Andere Familien, bei denen ein Vergreifen innerhalb der Familie keine bösen Folgen hat, sind die Malvengewächse, die Fuchsschwanzgewächse, Rosengewächse, die allermeisten Lippenblütler und die Brennnesselgewächse.

2. Pflanzen mit einem auffälligen Milchsaft sind meist giftig

Wir stehen vor einer Pflanze mit gelben Blüten, die auf den ersten Blick etwas unscheinbar ist. Als ich jedoch ein Blatt abzwicke und den Kursteilnehmern den Blattstiel entgegenhalte, geht ein Raunen durch die Gruppe.

»Oha!«, sagt Svenja. »Das sieht gefährlich aus.«

Tatsächlich: Aus dem Stiel drückt sich ein neonorangefarbener, dickflüssiger Tropfen. Das Schöllkraut (*Chelidonium majus*), von dem dieser auffällige Milchsaft stammt, ist eine leicht giftige Pflanze. In der Naturheilkunde wird das Kraut durch Auftupfen gegen Warzen eingesetzt, eine orale Aufnahme sollte man aber vermeiden. Und bei den Klamotten aufpassen, diese Milchsaftflecken gehen kaum wieder raus. Das Schöllkraut hat wie die meisten Arten seiner Familie, den Mohngewächsen (Papaveraceae), einen sehr auffälligen Milchsaft. Je nach Art wird dieser als leicht giftig bis stark giftig eingestuft. Eine andere Familie, die ebenfalls giftige und auffällige Milchsäfte führt, sind die Wolfsmilchgewächse (Euphorbiaceae). Gelangt dieser in die Augen, kann das zur Erblindung führen.

Natürlich gibt es bei dieser Regel einige Ausnahmen, die bekannteste ist wohl der Löwenzahn. Sein Milchsaft kann im Übermaß höchstens Magenbeschwerden verursachen.

Auch die Lattich-Arten (*Lactuca sp.*) enthalten einen ungiftigen weißen Milchsaft, und die meisten Blattsalate wie Kopf- und Eisbergsalat gehören ebenfalls zu dieser Gruppe. Einzige Ausnahme hier: der Gift-Lattich (*Lactuca virosa*), sein Milchsaft ist, wie der Name bereits verrät, giftig.

Achtung! Im Umkehrschluss bedeutet das nicht, dass eine Pflanze, die *keinen* auffälligen Milchsaft aufweist, immer essbar ist!

3. Holzauge, sei wachsam!

Möchte man größere Mengen an Wildkräutern für den Verzehr sammeln, sollte man sich jede Pflanze einzeln ansehen und nicht »blind« drauflospflücken. Während der Kräuterwanderungen, die unseren Kochkursen vorangehen, finden wir oft größere Brennnesselbestände. Beim genauen Hinsehen erkennt man, dass manche Brennnesseln von anderen Pflanzen »umwickelt« sind. Diese »Statikschmarotzer« winden sich um andere Pflanzen, um in eine bessere Position für die Fotosynthese zu gelangen. Auch wenn es einige ungiftige oder sogar verwendbare kletternde und windende Arten gibt (Hopfen, Nesselseide, Windenknöterich), so sollte man bei diesen Pflanzen tendenziell vorsichtig sein. Einige mäßig bis sehr giftige Arten, vornehmlich aus der Gattung der Winden und Zaunrüben, sollte man keinesfalls aus Versehen mitsammeln. Besonders tricky ist es, wenn sich Winden um den Wiesen-Sauerampfer (*Rumex acetosa*) wickeln, da sich die Blätter beider Arten relativ ähnlich sehen. Also: Augen auf bei der Kräuterwahl!

7

Steckbriefe

Während der vergangenen Jahre und den vielen Kräuterführungen, die ich geben durfte, haben sich eine Reihe von Wildkräutern besonders hervorgetan. Nicht etwa durch ihre Seltenheit, ganz im Gegenteil. Gerade die häufig vorkommenden und weitverbreiteten Arten sind für eine praktische Nutzung interessant, schließlich will man nicht jedes Mal in ein einsames, nebelverhangenes Tal steigen, um sich Kräuter für einen Wildsalat zu pflücken. Zumal seltene Arten ja ohnehin nicht gepflückt werden dürfen.

Die folgenden ausgewählten Arten sind in Mitteleuropa regelmäßig zu finden und auch im urbanen Raum keine Seltenheit. Zudem haben sie bei den Teilnehmern meiner Führungen einen bleibenden Eindruck hinterlassen, ob aufgrund ihres Geschmacks, ihrer Heilwirkung oder aber wegen der einen oder anderen spannenden Geschichte, die mit ihnen verbunden sind. Weiterhin war mir wichtig, hier nur Arten vorzustellen, bei denen es keine gefährlichen Verwechslungsmöglichkeiten gibt. Gibt es sie doch, wie zum Beispiel beim Bärlauch, dann habe ich einen detaillierten Bestimmungs- und Unterscheidungspart angefügt, sodass du befähigt wirst, sogar als Anfänger folgende Pflanzenarten zu sammeln und zu verwerten.

Die Rezepte am Ende einer dargestellten Pflanze beziehen sich immer auf vier Portionen. Selbstverständlich können alle tierischen Produkte problemlos durch vegane Varianten ersetzt werden.

Löwenzahn

Abb. 49: Der Löwenzahn gehört zu den Top Ten der Küchen-Wildkräuter.

»Na, habt ihr eine Idee, welche Pflanze das ist?«, frage ich und halte ein längliches Blatt mit gezacktem Blattrand hoch.

Ein Raunen geht durch die Menge. »Löwenzahn.«

»Und das hier?« Das zweite Blatt, das ich den Wildkräuterinteressierten zeige, sieht ähnlich aus, doch die »Zacken« sind viel kleiner, sie sehen fast wie eine Säge aus.

»Auch ein Löwenzahn«, traut sich Tobias zu sagen, doch die anderen sind sich unsicher.

»Aber irgendwie schaut es anders aus«, bemerkt Christina.

Also hole ich ein drittes Blatt hinter meinem Rücken hervor und platziere es mit den beiden anderen im Gras. Die Gruppe rückt zusammen und beugt sich über das Blättertrio.

»Irgendwie ebenfalls löwenzahnähnlich«, sagt Tim und wird von Christina von der Seite angesehen.

»Aber das ist doch behaart und die anderen beiden nicht.«

»Stimmt.« Tim nickt.

Alle drei Pflanzen gehören zur Familie der Korbblütler. Wenn von *der Pflanze* Löwenzahn gesprochen wird, schmeißt der Laie in der Regel alle Arten in einen Topf, die einen gesägten Blattrand und gelbe Korbblüten besitzen. Habichts-, Ferkel- und Bitterkräuter, Bocksbärte und Mausohrhabichtskräuter werden dann als »Löwenzahn« zusammengefasst. Selbst fortgeschrittene Wildkräuterkundige verzweifeln regelmäßig an der Artenvielfalt der beiden Löwenzahngattungen Taraxacum und Leontodon; die Systematik ist hier zum Haareraufen.

Viele Pflanzen sehen auf den ersten Blick wie Löwenzahn aus, sind es aber nicht. Und auch der Gewöhnliche Löwenzahn (*Taraxacum* sect. *Ruderalia*) ist gar keine eigene Art, sondern eine Artengruppe. Komplizierte Verwandtschaftsverhältnisse hin oder her, ganz einfach ausgedrückt: Eine einzelne Pflanzenart namens Löwenzahn gibt es nicht. Andere Namen des Löwenzahns sind Kuhblume, Butterblume, Hundeblume, Sonnenwirbel und Pfaffenkraut. Der Name »Bettsäächer« oder »Bettpisser« (im Französischen heißt die Pflanze »Pissenlit«) weist auf seine harntreibende Wirkung hin. Bei der »Pusteblume« handelt es sich um einen verblühten Löwenzahn, die kleinen weißen Schirmchen (Pappus) können unter Idealbedingungen bis zu hundert Kilometer weit fliegen.

Viel interessanter als schnöde Systematik sind jedoch die Verwendungsmöglichkeiten dieser Gruppe. Zwar wissen einige Wildkräuterinteressierte, dass Löwenzahn theoretisch essbar ist, doch scheuen sich manche davor, ihn in der Küche zu verwenden, da sie den weißen Milchsaft für giftig halten. Aber beim Löwenzahn haben wir ja eine rühmliche Ausnahme vor uns – Löwenzahnsaft kann durch seinen Gehalt an dem Bitterstoff Taraxacin höchstens bei exzessivem Verzehr zu Bauchschmerzen führen. Selten löst er eine Kontaktdermatitis aus.

Übrigens bauten Staaten wie das Deutsche Reich und die Sowjetunion in den Dreißigerjahren eine kautschukhaltige Löwenzahnart (*Taraxacum koksaghyz*) in großem Maßstab an.

Vor der Einführung des Euros schmückte der eine oder andere Löwenzahn einige Portemonnaies von innen: Auf der Rückseite des 500-D-Mark-Scheins war eine Löwenzahnzeichnung der Naturforscherin Maria Sibylla Merian zu sehen, die auf der Vorderseite abgebildet war.

Löwenzahn gehört zu den »Standardkräutern« der Wildkräuterküche. Das ist zum einen der Tatsache geschuldet, dass man ihn nahezu das ganze Jahr über und fast überall vorfindet. Auf überdüngten Fettwiesen kommt er meist in Massen vor oder zwängt sich hier und dort wie in der Fernsehserie *Löwenzahn* durch den Asphalt. Im Wald hingegen ist er selten, höchstens an Wegrändern oder auf nährstoffreichen Lichtungen zu finden. Manche Menschen schwören auf frischen Löwenzahnsalat. Das ist aber eher etwas für Hartgesottene, denn Löwenzahn ist ungemein bitter und die Blätter sind fest und derb. Bitterstoffe sind in Maßen genossen sehr gesund, doch zu bittere Speisen können einem nicht nur die Lust auf Wildkräuter nehmen, auch können sie den Magen-Darm-Trakt reizen.

Verwechslungsmöglichkeiten

Alle heimischen »Löwenzähne« sowie die ähnlich aussehenden Bitterkräuter (*Picris sp.*), die Ferkelkräuter (*Hypochaeris sp.*), Habichtskräuter (*Hieracium sp.*) und Pippau (*Crepis sp.*) können bedenkenlos gegessen werden. Daneben gibt es unter den (auf den ersten Blick) löwenzahnähnlichen Pflanzen innerhalb der Korbblütler zwei Artengruppen, die nicht verwendet werden sollten. Diese sind zum Glück leicht von den Essbaren zu unterscheiden:

1. Greiskräuter/Kreuzkräuter

Viele Arten der Gattung Greiskraut (*Senecio*) sind PA-haltig. Diese schon beschriebenen Stoffe (siehe S. 108) können krebserregend und leberschädigend wirken. Eine akute Vergiftung kommt beim Menschen so gut wie nie vor.

Abb. 50: Greiskräuter verdanken ihren Namen dem gräulichen Haarkranz und dem umgewandelten Blütenkelch, der als »Flugschirm« dient.

Der Blütenkorb der meisten Greiskräuter besitzt hellgelbe äußere Zungenblüten und in der Mitte dunkelgelbe oder orangefarbene Röhrenblüten. Löwenzahn und essbare Verwandte weisen dagegen immer nur einen Gelbton innerhalb der Blüte auf. Bei einigen Greiskraut-Arten fehlen die äußeren Zungenblüten mehr oder weniger.

2. Gift-Lattich

Der Milchsaft und die getrockneten Blätter des Gift-Lattichs werden als stark giftig eingestuft und sollten keinesfalls verzehrt werden. Seine Blüte erinnert an den Löwenzahn, die Blätter jedoch haben nichts mit ihm gemein.

Abb. 51: Der Name Gift-Lattich sagt eigentlich schon alles: Lieber verzichtet man auf den Genuss dieses Korbblütengewächses.

Kulinarisches rund um den Löwenzahn

Einem Wildkräutersalat kann man mit jungen oder fein geschnittenen älteren Löwenzahnblättern eine feine bittere Note verleihen. Wer die Muße hat, kann aus den Blüten ein leckeres Gelee herstellen, dafür werden die Einzelblüten gezupft, in Zucker ausgekocht und anschließend gesiebt. Pesto aus Löwenzahn ist mit Abstand mein Lieblingspesto – die enthaltenen Bitterstoffe schaffen einen herrlichen Kontrast zu einem fruchtigen Olivenöl und dem salzigen Parmesan:

Löwenzahnpesto

Zutaten:

120 g	Löwenzahn
150 ml	Olivenöl
2 TL	Zitronensaft
50 g	Sonnenblumenkerne
60 g	Parmesan, Pecorino oder Cashewkerne
	Salz
	Pfeffer

Zubereitung:

1. Löwenzahn gründlich waschen und sehr fein hacken oder wiegen.
2. Geriebenen Parmesan (Pecorino oder Cashewnüsse) ebenfalls hacken und beiseitestellen.
3. Sonnenblumenkerne grob hacken und in einer Pfanne ohne Öl vorsichtig anrösten. Ständig rühren und nicht aus den Augen lassen! Sie dürfen nicht schwarz werden.

4. In einer Schüssel alle Zutaten mischen und mit Salz und Pfeffer abschmecken.
5. Das Pesto hält sich nur wenige Tage im Kühlschrank. Wenn man darauf achtet, dass es immer gänzlich mit Öl bedeckt ist und man den Glasrand nach jeder Entnahme säubert, kann man die Haltbarkeit auf bis zu drei Wochen verlängern.

Nun mein zweites Rezept, ein leckerer Löwenzahn-Kartoffelbrei, bei dem der Ballaststoffanteil durch das Grün den oft schweren Brei auflockert und »leichter« werden lässt. Wem der Löwenzahn zu bitter ist, kann ihn für eine halbe Stunde in lauwarmes Wasser legen, das entzieht ihm ein wenig die Bitterstoffe:

Löwenzahn-Kartoffelbrei

Zutaten:

1 kg	mehligkochende Kartoffeln
1	kleine Pastinake
100 g	Löwenzahn
1	große Zwiebel
	Bratöl
	Schuss fruchtiges Olivenöl
200 ml	Milch
1 TL	Butter
	Muskatnuss
	Salz
	Pfeffer

Zubereitung:

1. Kartoffeln schälen, waschen und in kleine Würfel schneiden. Pastinake in dünne Scheiben schneiden und Kartoffeln und Pastinake zum Kochen bringen. Zugedeckt bei mittlerer Hitze etwa 20 Minuten garen. Löwenzahn 30 Minuten wässern.
2. Danach den Löwenzahn waschen, trocken schleudern und in Streifen schneiden. Zwiebeln schälen, fein hacken. Bratöl in einem Topf erhitzen, die Zwiebel 5 Minuten bei kleiner Hitze zugedeckt dünsten.
3. Die Hälfte der Löwenzahnstreifen dazugeben, erhitzen und mit Salz und Pfeffer würzen. Kartoffeln und Pastinaken abgießen, dabei das Kochwasser auffangen. Kartoffeln stampfen, Milch erhitzen.
4. Löwenzahnstreifen, etwas Kochwasser, die Milch, das Öl und die Butter unter das Püree heben. Die andere, rohe Hälfte des Löwenzahns untermischen. Das Püree mit Salz und Pfeffer abschmecken und etwas Muskatnuss hineinreiben.

Gänsefüße, Amaranth und Melden

Abb. 52 und Abb. 53: Links der Weiße Gänsefuß (*Chenopodium album*) und rechts der Zurückgebogene Fuchsschwanz (*Amaranthus retroflexus*).

»Das Menü heute wird aus Löwenzahn-Kartoffelbrei, Giersch-Omelett und Gänsefuß bestehen.« Ich schaue in einige etwas angewidert dreinblickende Gesichter.

»Ich dachte, wir kochen vegetarisch. Außerdem: jeder nur ein Gänsefuß? Das ist ja ein bisschen wenig«, sagt Alex, ein Teilnehmer des Wildkräuterkochkurses, und die Gruppe muss lachen.

Gänsefüße, Amaranth und Melden sind als Vertreter der Familie der Fuchsschwanzgewächse (*Amaranthaceae*) nah verwandt mit einigen Kulturpflanzen wie dem Spinat, dem Garten-Fuchsschwanz, Mangold und Roter Bete. Die Gänsefüße wurden bis vor einigen Jahren einer eigenen Familie zugerechnet, den Gänsefußgewächsen (Chenopodiaceae). Die Blätter erinnern an den Abdruck, den die Füße von Gänsen hinterlassen, daher der Name. Der »Fuchsschwanz« bezieht sich wiederum auf den herunterhängenden, buschig wirkenden Blütenstand einiger Amaranth-Arten. Zur Namensherkunft der Melde gibt der Duden einen Hinweis, so wirken die Blätter manchmal »bemehlt«. Tatsächlich existieren mehr Gänsefuß-Arten, die sich auf diese Weise vor zu starker Sonneneinstrahlung schützen (es handelt sich hier also um eine pflanzeneigene Sonnencreme), als Melden. Doch als dieser Name vergeben wurde, wurde noch nicht so stark unterschieden. Das ist unseren Vorfahren allerdings auch nicht zu verübeln, denn Melden und Gänsefüße sehen sich manchmal zum Verwechseln ähnlich. Oft bezeichnen selbst fortgeschrittene Wildkräuterkundler den Weißen Gänsefuß als Melde und umgekehrt. Doch wie kann man die beiden nun unterscheiden? Bei den Melden sind die Blüten eingeschlechtlich und kommen nebeneinander auf derselben Pflanze vor (einhäusig), beim Gänsefuß sind die Blüten zwittrig. Zudem sitzen an den weiblichen Blüten später kleine dreieckige »Plättchen« (Vorblätter), bei den Gänsefüßen fehlen diese.

Alle genannten Gattungen sind reich an Zink, Kalzium, Magnesium und Eisen. Gänsefüße und Melden strotzen vor Vitamin C und B3, aber da die Samen ordentlich bittere Saponine aufweisen, sollte man sie abseihen (sie schwimmen oben) und das Kochwasser wegschütten. Andererseits wird gerade dieser Inhaltsstoff in der Naturheilkunde bei Atemwegserkrankungen genutzt. Die Blätter weisen relativ viel an Oxalsäure auf, daher sollte man eine Dauereinnahme vermeiden.

Die Samen des Amaranths werden in Süd- und Mittelamerika häufig nach der Ernte zu Brei verkocht. Sie enthalten viele ungesättigte Fettsäuren, sind glutenfrei und haben einen hohen Eiweißgehalt. Diese nährstoffreichen Samen wurden bereits in der Steinzeit gesammelt, deshalb bezeichne ich die Fuchsschwanzgewächse auch gern als »Steinzeitspinat«. Verkauft man ihn Kindern so, könnte man vielleicht eine vorherrschende Abneigung gegenüber dieser Pflanze abbauen.

Als ich bei einem Spaziergang mit einem Freund einmal einen Amaranth entdeckte, blieb ich plötzlich stehen und betrachtete die Pflanze ein wenig melancholisch. Meine Freunde sind daran gewöhnt, dass ich bei Spaziergängen zwischendurch mal kurz »weg« bin und irgendwo auf der Erde herumkrieche, aber Johannes machte sich nun doch Sorgen. Ich hatte eine Pflanze entdeckt, die mich für einen Moment rührselig werden ließ, da sie symbolisch ist für eine traurige Entwicklung. Der Gute Heinrich (*Blitum bonus-henricus*) ist ein Fuchsschwanzgewächs, das vor hundert Jahren noch sehr häufig anzutreffen war. Er wurde in Bauerngärten als Spinatpflanze angebaut, verbreitete sich von dort aus und prägte das Dorfbild. Mittlerweile ist er so selten geworden, dass ich ihm nur einige wenige Male im Jahr begegne. Denn vielfältige, bunte und halbwilde Bauerngärten sind sehr selten geworden, der Landbewohner von heute steht auf gerechten Kies, auf dauerhaft kurz geschorenen Rasen und Beton. Der Gute Heinrich weist uns auf einen dramatischen Biodiversitätsverlust unserer Dorflandschaften hin, der hauptsächlich auf modischen Entwicklungen in Richtung mehr Sterilität beruht. Der witzig klingende Name, der es sogar in die wissenschaftliche Bezeichnung geschafft hat, ist auf den früheren Glauben zurückzuführen, dass manche Pflanzen von guten und andere von weniger guten Wesen bewohnt wurden. Diese »Heinzelmännchen«, die den Guten Heinrich bewohnten, gehörten zur ersten Kategorie. Also, wer sich ein paar gute Geister in seinen Garten holen möchte, sollte vielleicht zumindest in einer Ecke dem Heinrich eine Chance geben.

Verwechslungsmöglichkeiten

Fuchsschwanzgewächse haben für Menschen, die sich gerade erst mit Wildkräutern und deren Bestimmung beschäftigen, einen enormen Vorteil: Alle heimischen Arten sind essbar, man kann sich also innerhalb der Familie nicht vergreifen! Manchmal haben Anfänger Schwierigkeiten, den Beifuß von den Gänsefüßen zu unterscheiden. Dieser kann bei Überdosierung oder während der Schwangerschaft zu ungewollten Nebenwirkungen führen. Doch aufgrund seiner Bitterkeit kommt es eher selten dazu. Beifuß hat eine grau-filzige Blattunterseite, bei den Gänsefüßen ist sie grün und glatt.

Dennoch gedeiht eine giftige Art aus einer anderen Familie, die mehreren Gänsefuß- und Melde-Arten vor allem im nicht blühenden Zustand ähnelt, das ist der Gemeine Stechapfel (*Datura stramonium*). Dieser aus Mexiko stammende Neophyt ist eine halluzinogen wirkende Giftpflanze, deren Blätter im jungen Zustand Verwechslungsmöglichkeiten bieten. Im blühenden Zustand kann man die Pflanzen sofort unterscheiden, besitzt der Stechapfel doch eine große,

Abb. 54: Links ein Weißer Gänsefuß und rechts der Gemeine Stechapfel.

trichterförmige Blüte, wohingegen die Blüten beim Gänsefuß winzig sind. Auch sind die Blätter des Stechapfels größer und der Blattrand ist anders gestaltet, hier könnte es höchstens im jungen Zustand zu einer Verwechslung kommen.

Kulinarisches rund um die Fuchsschwanzgewächse

Die Fuchsschwanzgewächse sind die Spinatpflanzen unter den Wildkräutern (und tatsächlich ist Spinat auch ein Fuchsschwanzgewächs). Die Blätter schmecken roh oder gedünstet sehr lecker. Man sollte sie aufgrund der Oxalsäure nicht täglich über einen langen Zeitraum verzehren und die saponinhaltigen Samen beim Waschen abschöpfen. Einige Arten dieser Familie werden im mediterranen Raum mit Olivenöl und Zitronensaft zu einem frischen Sommergemüse verarbeitet. Beim Dünsten können größere und ältere

Blätter verwendet werden. Ich favorisiere eine Gänsefußsuppe:

Gänsefußsuppe

Zutaten:

500 g	Gänsefußblätter
1	Schalotte
100 g	mehligkochende Kartoffeln
1 EL	Butter
500 ml	Brühe
1 EL	Crème fraîche
	Salz
	Pfeffer

Zubereitung:

1. Die Gänsefußblätter waschen und fein hacken.
2. Die Schalotte schälen und hacken. Die Kartoffel ebenfalls schälen und reiben.
3. Die Schalotte in heißer Butter anschwitzen, die Brühe dazugeben und die Kartoffeln. Etwa 10 Minuten köcheln lassen.
4. Das Ganze fein pürieren und die Crème fraîche beziehungsweise die vegane Alternative unterrühren. Mit Salz und Pfeffer abschmecken.

Gemeine Nachtkerze

Abb. 55: Eine der interessantesten Wildkräuter für die Küche: die Gemeine Nachtkerze.

»Hat jemand eine Ahnung, was das hier für eine Pflanze sein könnte?«

Die erste Vermutung: »Eine Königskerze?«

Wir stehen vor einer knapp zwei Meter hohen, schlanken Pflanze mit relativ großen, gelben Blüten. Es ist keine Erbsenzählerei, wenn ich den Unterschied zwischen Nacht- und Königskerzen erläutere, es hat schon eine äußerst praktische Bedeutung: Nachtkerzen kann man als Ganzes verwenden (sie gehören für mich zu den interessantesten Küchen-Wildkräutern), während man bei Königskerzen Vorsicht walten lassen sollte. Ich kann es niemandem verübeln, wenn man diese beiden Pflanzen verwechselt, denn schließlich haben beide eine ähnliche Form und auf den ersten Blick fast identische Blüten. Aber eben nur fast.

Zur Familie der Nachtkerzengewächse (Onagraceae) gehören nicht nur die Nachtkerzen-Arten, sondern auch die heimischen und magisch klingenden Hexenkräuter (*Circaea sp.*), die rot bis rosa blühenden Weidenröschen (*Epilobium sp.*), aber ebenso die exotischen Fuchsien (*Fuchsia sp.*), die dem einen oder anderen als Kübelpflanzen bekannt sein könnten. Königskerzen (*Verbascum sp.*) wiederum sind Mitglieder einer anderen Familie, den Braunwurzgewächsen (*Scrophulariaceae*).

»Nachtkerze« ist ein wirklich guter Name für diese aus Nordamerika stammende Pflanze, schaut man sich mal den schlanken, länglichen Wuchs an. Zudem hat man sie früher als Kerzen, oder besser: als Fackeln verwendet, indem man sie in flüssiges Wachs tauchte. Aber warum ist sie eine Kerze der Nacht? Die Hauptbestäuber dieser Pflanze sind Nachtfalter. Diese oft als unansehnlich empfundenen Schmetterlinge, zu denen Motten, Schwärmer und Spanner zählen, sind hauptsächlich in der Dämmerung und Dunkelheit unterwegs. Also öffnet sich die Blüte vielfach erst gegen Abend und ist am nächsten Nachmittag meist schon wieder welk. Der einstige Name »Weinkraut« bezieht sich darauf, dass die antiken Griechen überzeugt davon waren, dass ein mit dieser Pflanze versetzter Wein das wildeste Tier beruhigen könne. Ich weiß allerdings nicht, ob ein betrunkener Braunbär selbst mit Nachtkerzenextrakt eine angenehme Gesellschaft wäre.

Wenn ich bei Kräuterwanderungen in die Runde frage, woher sie diese gelb blühende Schönheit kennen, fällt den meisten das Nachtkerzenöl ein. Der Ölgehalt der Nachtkerzensamen liegt bei bis zu 30 Prozent, und dafür lohnt es sich, diese in landwirtschaftlicher Kultur anzubauen. In der Naturheilkunde wird das Öl bei Hautekzemen und in Kosmetika eingesetzt, eine messbare Wirkung konnte bislang aber nicht nachgewiesen werden. Zum Teil wird davor gewarnt, hohe Dosen könnten die Blutgerinnung negativ beeinflussen. Unbestritten ist jedoch der hohe Gehalt an Gamma-Linolensäure (eine ungesättigte Fettsäure), die in Nahrungsergänzungsmitteln vermarktet wird.

Verwechslungsmöglichkeiten

Nachtkerzen werden gerade von Anfängern oft mit den Königskerzen verwechselt. Letztere spielen zwar in der Heilkunde eine Rolle als Hustenlöser, doch aufgrund größerer Mengen an Saponinen sollte man sie nicht als Küchen-Wildkraut verwenden. Die wichtigsten Unterscheidungsmerk-

Abb. 56: Links ist die großblütige Königskerze zu sehen, rechts eine gemeine Nachtkerze.

Abb. 57: Die kräftige Wurzel einer Nachtkerze.

male: Nachtkerzen haben vier Kronblätter und längliche Samenstände, Königskerzen fünf Kronblätter und kugelige Samenstände.

Kulinarisches rund um Nachtkerzen

Bereits die indigenen Einwohner Nordamerikas sammelten die Nachtkerze, ebenso die Menschen in den Großstädten der Nachkriegszeit, da sie selbst in Trümmerlandschaften wuchs. Die rötliche Färbung der Wurzeln, die beim Braten entsteht, gab ihr den Namen »Schinkenwurzel«. Sie gehört zu meinen beliebtesten Küchen-Wildkräutern, da sie unkompliziert und vielseitig ist: Die Samen schmecken etwas nussig, die Blätter ergeben einen hervorragenden Spinat und die Wurzeln ein interessantes Wurzelgemüse.

Schinkenwurzelgemüse als Beilage

Zutaten:

Wurzeln und Blätter von ca. 5 bis 10 Nachtkerzen
Eine Zwiebel
etwas Sahne
Salz
Pfeffer

Zubereitung:

1. Wurzeln und Blätter gründlich säubern.
2. Wurzeln in Scheiben schneiden und 10 Minuten in Salzwasser dünsten.
3. Die Blätter in Streifen schneiden.
4. Zwiebeln anbraten, Wurzeln und Blätter hinzugeben.
5. Mit etwas Sahne ablöschen und ganz kurz aufkochen lassen.
6. Mit Salz und Pfeffer abschmecken.

Wegerich-Arten

Abb. 58: Die Blütenstände des Spitzwegerichs schmecken intensiv nach Champignon.

»Pflückt euch mal den Blütenstand und probiert ihn. Und, wonach schmeckt er?«

Die Gruppe steht kauend da, nachdenkliche Blicke, wohin man schaut.

»Irgendwoher kenne ich den Geschmack, ich komme bloß nicht drauf«, sagt Vera und schüttelt kaum merklich den Kopf.

»Denkt mal an Champignons«, sage ich vorsichtig.

»Ja!«

»Klar.«

»Krass, aber es stimmt.«

Für viele ist das ein Highlight: eine Wildpflanze, die intensiv nach Pilzen schmeckt!

In Mitteleuropa gibt es elf Wegerich-Arten, von denen aber nur drei weitverbreitet sind: Spitzwegerich (*Plantago lanceolata*), Breitwegerich (*Plantago major*) und Mittlerer Wegerich (*Plantago media*). Die Endung »rich« im Namen bezieht sich auf das germanische *rîhhi* und bedeutete »reich« oder »Macht«, war häufiger Namensbestandteil und wurde oft mit elbischen Geistern in Verbindung gebracht. Die Wegeriche sind wohl auch aufgrund ihrer Trittfestigkeit und ihrer Häufigkeit die »Herrscher der Wege«.

Der wissenschaftliche Name *Plantago* stammt vom lateinischen *planta* ab, was »Fußsohle« bedeutet. Bereits die indigene Bevölkerung Nordamerikas nannte die Wegerich-Arten die »Fußstapfen des weißen Mannes«, denn Europäer hatten sie »per pedes« mitgebracht, und sie waren an den von Siedlern häufig genutzten Wegen in großer Zahl zu finden. Sie waren in der Neuen Welt wohl sinnbildlich für das starke Ausbreiten der Europäer (und das Verdrängen der indigenen Bevölkerung). Wegeriche kommen nicht nur gut damit klar, wenn man auf ihnen herumtrampelt, sondern sie freuen sich sogar darüber, denn feucht gewordene Samen bleiben gut an den Fußsohlen kleben und werden so durch das Taxi »Fuß« viele Kilometer mitgeschleppt.

Diese durch Schleimstoffe hervorgerufene Klebrigkeit der Samenschalen sowie andere interessante Inhaltsstoffe haben dazu geführt, dass 2014 der Spitzwegerich zur Arzneipflanze des Jahres gekürt wurde. Wegeriche galten in der Antike und im Mittelalter als die Heilpflanzen schlechthin, sie sollten gegen alle Krankheiten helfen, einschließlich Krebs, Impotenz und Schwachsinn. Außerdem wurden sie bei Bissen von tollwütigen Hunden und Schlangen eingesetzt. Nun gut, da wurden die Erwartungen vielleicht doch etwas zu hochgesteckt.

Fakt ist aber, dass man Wegerich gut als Hausmittel einsetzen kann, seine Wirkung ist zum Teil sogar belegt. Der Inhaltsstoff Aucubin wirkt antibiotisch und kann bei Entzündungen in Mund und Rachenraum helfen. Dabei sollte man aber entgegen vieler heilkundlicher Rezepte ihn nicht als Tee verwenden, denn Aucubin ist sehr instabil; beim Erhitzen kann die Wirksamkeit verloren gehen. Stattdessen sollte man ihn als Frischsaft verwenden. In Tierversuchen hat man eine bronchienerweiternde Wirkung und eine Verbesserung des Schleimabtransports feststellen können – tatsächlich wird Wegereich schon seit grauer Vorzeit als Hustenmittel verwendet. Die Schleimstoffe bilden nicht nur im gereizten Hals eine schützende Schutzschicht, sie können auch bei Verstopfungen helfen. Bei den Führungen sind alle immer erstaunt, dass es sich bei den bekannten Flohsamen um die Samen einer indischen Wegerich-Art (Sand-Wegerich; *Plantago arenaria*) handelt.

»Wenn meine Tochter eine Schürfwunde hat, kaue ich immer etwas Wegerich und schmier es ihr drauf«, erzählt nun Marie.

Ich hole tief Luft. Ja, der Presssaft des Wegerichs hat eine gewisse antibiotische Wirkung. Doch muss man ganz klar sagen, dass Pflanzen keineswegs keimfrei sind. Es tummeln sich Erreger in Erde und Staub, die an der Pflanze haften und die wir getrost verspeisen können, aber die wir unter keinen Umständen in unseren Wunden haben möchten. Darunter Clostridien, Bakterien, zu denen der Tetanuserreger gehört. Vom menschlichen Speichel als Bakterienspielwiese mal ganz abgesehen. Anders sieht es bei Insektenstichen aus, hier hilft er wahre Wunder – Juckreiz und Schmerzen werden nahezu in Sekundenschnelle weniger.

Verwechslungsmöglichkeiten

Wer sichergehen möchte, wartet auf die unverwechselbaren, charakteristischen Blütenstände. Wer dann noch auf die Blätter mit den ausgeprägten Rippen auf der Unterseite achtet, kann sich nicht vergreifen.

Kulinarisches rund um Wegeriche

Der phänomenale Pilzgeschmack des Blütenstands ist beim Spitzwegerich am intensivsten, man kann aber alle Arten verwenden. Am besten verarbeitet man noch grünliche Blütenstände, denn die braunen, verblühten Köpfe schmecken meist papierartig und trocken und sind nicht sehr angenehm im Mund. Vor allem die Blätter enthalten eine Menge Zink, Kalium und die Vitamine A, B und C, können aber auch ganz schön bitter sein.

Spitzwegerich-Risotto

Zutaten:

30	Spitzwegerich-Blütenstände
1	Zwiebel
50 g	Butter
200 g	Risottoreis
500 ml	Gemüsebrühe
50 g	Butter
	Weißwein

Zubereitung:

1. Zwiebel fein schneiden, die Blütenstände halbieren und beides in Butter andünsten. Risottoreis dazugeben und etwas glasig mitdünsten. Mit einem Schuss Weißwein ablöschen.
2. In einem zweiten Topf die Gemüsebrühe erhitzen.
3. Etwas von der heißen Brühe zum Reis geben, beides zusammen zum Kochen bringen. Den Reis bei schwacher Hitze und mit Deckel etwa 20 Minuten quellen lassen, regelmäßig umrühren. Dabei nach und nach den Rest der Brühe dazugeben.

Malven-Arten

Abb. 59: Die Weg-Malve (*Malva neglecta*) liefert einen tollen Wildspinat, und die Blüten sind eine schöne, essbare Dekoration.

»Schaut euch mal diese kleine Frucht an. Wie sieht sie für euch aus?«

Die Gruppe steckt die Köpfe zusammen und beäugt das kleine Wunder.

»Wie ein Autoreifen«, sagt Uwe.

Der Rest der Gruppe ist nicht überzeugt.

»Eher wie ein rundes Brot«, findet Leonie.

»Ja, stimmt, ein bisschen schon«, bemerkt Robert.

»Oder wie ein Käselaib«, sagt Juliette und führt die Frucht langsam zum Mund.

Was die Gruppe so konzentriert betrachtet, ist die Frucht einer Weg-Malve.

»Zu den Malvengewächsen gehört übrigens ebenfalls die

Stockrose, wie der eine oder andere Gartenfreund vielleicht weiß«, erkläre ich.

»Stockrose? Ähh … sind dann alle Rosen Malven?«

Auch wenn es sehr treffende und schöne deutsche Namen für unsere Pflanzen gibt, klingen andere nur fad, nach Beamtendeutsch (»Schmalblättriger Doppelsame« klingt nicht unbedingt romantisch), oder sind wie in diesem Fall irreführend. Wahrscheinlich war bei der Stockrose die an manche Rosen erinnernde prächtige Blütenfarbe namensgebend, sowie der Umstand, dass hohe Stockrosen im Garten mit einem Stock gestützt werden.

Bei uns wachsen sieben Arten der Gattung *Malva,* wobei die Wilde Malve (*Malva sylvestris*) und die Weg-Malve (*Malva neglecta*) in der freien Natur am häufigsten anzutreffen sind. Zu den Malvengewächsen zählen unter anderem auch der als Tee bekannte Hibiskus, die Baumwollpflanze und Linden.

Malakos ist griechisch und bedeutet »weich« – und tatsächlich, die Blätter vieler Arten dieser Familie sind von einem samtig-weichen Flaum bedeckt, der sie vor zu hoher Sonneneinstrahlung und Verdunstung schützt. Zunächst latinisiert, wurde irgendwann die »Malve« daraus. Unsere Vorfahren haben der Weg- und der Wilden Malven zudem den Namen »Käsepappel« gegeben, was mit dem Aussehen der Frucht zu tun (das hatte Juliette richtig beobachtet). Aber was hat die Pappel, dieser Flugbüschel entsendende Baum damit zu schaffen? Nichts. Denn »Papp« ist ein altes Wort für »Brei«, und genau diesen hat man früher mitunter aus Malvenfrüchten gekocht. Daher stammt auch der Ausdruck »pappsatt«. Malven wurden in Bauerngärten aber nicht nur aufgrund ihres hübschen Äußeren oder wegen ihrer Früchte angebaut, die Blätter wurden zudem zu einem spinatähnlichen Gemüse verkocht.

Die Blüten der Malven sind allesamt auffällig schön, Anthocyane sind hier für Farbgebung zuständig und bilden je nach pH-Wert bläuliche, rosafarbene oder kräftig violette Farbtöne. Apropos Malven: Ein römischer Arzt aus Nordafrika verfasste ein medizinisches Buch über Frauenkrankheiten, in dem er auch einen neuartigen Fruchtbarkeitstest darstellte. Man müsse nur, so der Mann, den Urin einer Frau über eine Malve geben, und wenn die Pflanze innerhalb von drei Tagen verdorre, wäre sie unfruchtbar. Da mittelalterliche Gelehrte meist große Fans römischer Autoren waren, wurde dieser »Test« aufgegriffen und später vom einfachen Volk dankbar angenommen. Ta-da: Ein weiterer – aus heutiger Sicht – amüsanter Aberglaube war geboren. Um einen exzessiven Genuss der schleimstoffhaltigen und abführenden Früchte bei Kindern zu verhindern, wurde ihnen gesagt, dass diese verrückt machen oder einen Läusebefall hervorrufen.

Botanik-Experiment mit Blütenfarben

Ein tolles Experiment, mit dem man nicht nur Kinder in Staunen versetzen kann: Ein paar Tropfen Zitronen- oder Essigsäure auf das Blütenblatt einer Malve oder eines Raublattgewächses träufeln und der wundersamen Spontanfärbung zusehen.

Wegen der reichlichen Schleim- und Farbstoffe wurden Malven daher heute wie früher als Schmuckdroge im Tee und als Hustenmittel verwendet und als solches von der Bundeszentrale für gesundheitliche Aufklärung (BZgA) empfohlen. In der Volksheilkunde nutzt man Malven bei

Magen-Darm-Beschwerden, einst machte man aus ihnen Wundumschläge. Letzteres sollte man bei offenen Wunden tunlichst unterlassen, wenn man keine Lust auf eine nachträglich verursachte Entzündung hat. Neben den Schleimstoffen warten Malven mit Vitamin C, Kalium und einer Reihe Flavonoide auf und sind auch geschmacklich nicht übel. Die knackigen Früchte sind lecker im Salat, die Blätter ergeben ein etwas schleimiges, aber leckeres Wildgemüse.

Verwechslungsmöglichkeiten

Bei unseren heimischen Malven-Arten gibt es keine giftigen Vertreter. Selbst Giftpflanzen anderer Familien, die mit den Malven ein ähnliches Aussehen teilen, sind hierzulande nicht zu finden. Theoretisch könnte man sie mit einigen (ungiftigen) Vertretern der Storchschnabelgewächse (*Geraniaceae*) verwechseln. Eine immer seltener werdende Malvenart, die deshalb nicht gesammelt werden sollte, ist der Echte Eibisch.

Kulinarisches rund um Malven

Die Früchte der Malven sind kurz vor der Reife besonders knackig und haben etwas Nussiges. Sie schmecken hervorragend im Salat oder sind pur ein kleiner Snack beim Spazierengehen: Man kann sie problemlos roh verzehren. In der arabischen Küche wird häufig Malve verwendet, besonders einfach ist Khibezeh zuzubereiten, eine vegane Vorspeise aus Syrien:

Khibezeh

Zutaten

500 g	Malvenblätter
3	Zwiebeln
	Bratöl
1	Zitrone
	Paprikapulver edelsüß
	Pfeffer
	Salz

Zubereitung

1. Malvenblätter waschen und fein hacken. Die Zwiebeln würfeln.
2. In einer Pfanne Öl erhitzen und die Zwiebeln glasig dünsten.
3. Die gehackten Malvenblätter dazugeben.
4. Mit Pfeffer, Salz, Paprika und etwas Zitronensaft würzen. Eine kleine Tasse Wasser dazugeben und 15 Minuten vorsichtig köcheln lassen.

Wiesen-Sauerampfer

Abb. 60: Sauer macht lustig! Der Sauerampfer macht seinem Namen alle Ehre.

»Schon mal gesehen?«, frage ich und halte ein kleines, pfeilförmiges Blatt hoch.

»Na klar, dit is Sauerampfer«, sprudelt es selbstbewusst aus Linda hervor. »Dit ha ick als Kind oft jejessen!«

»Was meinen die anderen?« Unschuldig schaue ich in konzentrierte Gesichter.

Linda erhält viel Zustimmung. Ganz klar, wir haben hier Sauerampfer vor uns, unverwechselbar diese Blätter, die an Pfeilspitzen erinnern. Aber ist das wirklich so?

Ich knie mich hin und zeige auf die über das Gras kriechende Pflanze, von der ich das Blatt abgezupft hatte. »Das hier ist die dazugehörige Pflanze. Seid ihr euch immer noch sicher?«

Betretenes Schweigen.

»Nee stimmt, Sauerampfer sieht doch anders aus«, gibt Linda zu.

»Genau, Sauerampfer kriecht ja nicht, sondern bildet später einen mehr oder weniger hohen Stängel aus«, erzähle ich und löse das Rätsel auf. »Das gezeigte Blatt ist das Laubblatt der Echten Zaunwinde (*Calystegia sepium*). Übrigens eine Giftpflanze. Achtet also darauf, dass ihr nicht die pfeilförmigen Blätter der Zaunwinde sammelt, die nah am Boden wächst und auf der Suche nach einer Stütze ist, an der sie sich hochranken kann. Die Blätter des Sauerampfers kommen entweder zu Beginn alle an einer Stelle aus dem Boden oder sitzen dem im späteren Jahresverlauf aufrecht stehenden Stängel an. Wenn sie dann blühen, ist eine Verwechslung ausgeschlossen – die Winden haben große, trichterförmige Blüten, der Sauerampfer hat viele oft rötliche und unscheinbar kleine Blüten.«

Bei meinen Kräuterführungen beginne ich oft mit dieser Unterscheidung, um für ein genaues Hinsehen zu sensibilisieren und zu motivieren, die eigene, oft vorschnelle Überzeugtheit zu hinterfragen. Auch wenn ein Salat aus Zaunwindenblättern nicht unbedingt tödlich gewesen wäre, Bauchschmerzen hätte er allemal verursacht.

Es gibt Wildpflanzen, die kennt wirklich fast jeder. Neben Gänseblümchen und Löwenzahn gehört der Wiesen-Sauerampfer zu den bekanntesten Wiesen-Wildkräutern, als Kind haben viele von den erfrischenden, säuerlich schmeckenden Blättern genascht. Irgendwann im Lauf des Erwachsenenwerdens hat man aufgehört, solche Dinge zu tun. Warum also nicht wiederaufleben lassen? Es lohnt sich.

Bei uns kommen sieben Sauerampfer-Arten vor, wobei der Kleine Sauerampfer (*Rumex acetosella*) und der Wiesen-Sauerampfer mit Abstand die verbreitetsten Arten sind. Sie sind allesamt essbar. Wer die Blätter einmal probiert hat, wird sich kaum fragen, wie der Namensbestandteil »sauer« zustande kam. Woher hat die Gattung *Ampfer* aber ihren Namen? Etymologen sind sich da nicht sonderlich einig, Vermutungen reichen von einer germanischen Wurzel (*amper* bedeutet »scharf« im Schwedischen), über das altenglische *ampre* (»der Saure«) bis hin zum lateinischen *amarus* (»bitter«).

Wie dem auch sei, aus biochemischer Sicht ist vor allem die Oxalsäure für das saure Vergnügen zuständig. Diese kann bei übermäßigem Verzehr die Nieren schädigen, weshalb man nicht in Massen Rhabarber verzehren sollte, der übrigens zur selben Familie gehört, nämlich den Knöterichgewächsen. Zusätzlich entzieht die Säure dem Körper Kalzium, und besonders schwangere Frauen und Kinder sollten es mit diesen Pflanzen nicht übertreiben. Den Kindern erzählte man früher daher: »Kind, wenn du zu viel Sauerampfer naschst, bekommst du Läuse.« Zusammen mit Milchprodukten ist aber ein vermehrter Konsum unbedenklich (siehe S. 50). Sauerampfer ist nicht nur im Quark oder als Salatbeilage eine erfrischende Beigabe, auch steckt er voller Vitamin C, Flavonoide und sogar etwas Protein.

Der Spruch »Sauer macht lustig« bedeutet übrigens nicht, dass man nach dem Verzehr von Sauerampfer zum Clown mutiert, einst hatte das Wort »lustig« eine andere Bedeutung: »Lust machend«, und in diesem Fall: »Lust auf Essen machend«. Sauerampfer wurde nicht nur als Mittel gegen fehlenden Appetit und zur Gallen- und Leberreinigung eingesetzt, man glaubte ebenso, er sei »gut widder die Trunckenheit«. Als Extrakt ist es zum Beispiel im Erkältungsmittel Sinupret enthalten, wobei die von positiven Effekten ausgehenden Studien nicht unumstritten sind.

Verwechslungsmöglichkeiten

Abb. 61: Das pfeilförmige Blatt des Wiesen-Sauerampfers.

Man kann den Wiesen-Sauerampfer genauso verwenden wie den Kleinen Sauerampfer. Anfänger verwechseln diese oft mit anderen Ampfer-Arten.

Andere Ampfer-Arten (*Rumex sp.*) schmecken nicht besonders lecker, sind jedoch essbar. Im Gegensatz zu ihnen haben diese Sauerampfer-Arten spitze Blattzipfel an der unteren Blattspreite.

Auch bei Winden (*Convolvulus sp.*) kann es zu Verwechslungen kommen. Sauerampferblätter ähneln vor allem im Anfangsstadium sehr denen der giftigen Winden. Diese bilden aber nie einen Stängel, sondern kriechen umher, um sich eine Rankhilfe zu suchen. Das kann nicht zuletzt ein Sauerampfer sein, deshalb muss man immer genau hinschauen, wenn man auf der Suche nach Sauerampferblättern ist.

Abb. 62: Das Laubblatt eines Stumpfblättrigen Ampfers *(Rumex obtusifolius)*. Er ist prinzipiell essbar, jedoch kein Gaumenschmaus.

Abb. 63: Genau hinsehen beim Sammeln: Eine giftige Zaunwinde schlingt sich um den essbaren Sauerampfer.

Kulinarisches rund um Sauerampfer

Sauerampfer enthält eine Menge Oxalsäure und sollte nicht in großen Mengen über längere Zeiträume verwendet werden. Zwei bis drei Gerichte mit Sauerampfer pro Woche sollten bei ausreichender Flüssigkeitszufuhr aber kein Problem sein. Am besten zusammen mit Milchprodukten oder anderen kalziumreichen Lebensmitteln genießen. Nierenkranke Menschen sollten ganz auf eine Verwendung dieser Pflanze verzichten. Die feine Säure von Sauerampfer kann man sich besonders beim Nachtisch zunutze machen:

Beeren mit Sauerampfersoße

Zutaten:

15	Sauerampferblätter
	Agavendicksaft oder Holunderblütensirup (nach Geschmack)
	Beeren der Saison
100 ml	Sahne

Zubereitung:

1. Blätter waschen und klein schneiden.
2. Blätter und Süßungsmittel mit dem Stabmixer pürieren.
3. Die Sahne schlagen und unterrühren.
4. Alles über die Beeren geben.

Schmalblättriger Doppelsame

Abb. 64: »Wilder Rucola« ist nicht nur geschmacksintensiver als der gekaufte, sondern noch dazu völlig kostenlos.

Wir stehen um eine Pflanze, die verdächtig nach Rucola aussieht und auch exakt so riecht. Es gibt kaum eine Pflanze, die bei den Kräuterwanderungen so schnell und eindeutig einer Salatpflanze zugeordnet wird wie die mit dem unpoetischen Namen.

»Es gibt Namen, die sind viel lyrischer, etwa Schwarzer Nachtschatten oder Jungfer im Grünen. Aber bei manchen ist den Systematikern jegliche dichterische Ader abhandengekommen«, sage ich. »Und diese Pflanze hier ist dafür mein Lieblingsbeispiel, es ist der Schmalblättrige Doppelsame. Merkt euch einfach Wilder Rucola. Das klingt schöner.«

Fast 90 Prozent aller im deutschen Lebensmittelhandel angebotenen Rucola-Sorten stammen von dem Wildkraut ab. Die anderen zehn Prozent sind auf die Garten-Senfrauke zurückzuführen. Der Wilde Rucola schmeckt aber nicht nur intensiver als die im Handel befindlichen Sorten, sondern ist auch noch weitverbreitet und zudem kostenlos. Der etwas fad schmeckende Kultur-Rucola wird von weit her in den Supermarkt transportiert, der Wilde wächst vor der Haustür. Der Schmalblättrige Doppelsame (*Diplotaxis tenuifolia*) hat seine Heimat im Mittelmeerraum, kommt daher mit Trockenheit und sandigen Böden gut klar und ist in vielen Großstädten zu entdecken. Ich finde es immer witzig, wenn vor den Supermärkten Massen von diesem Wildkraut stehen und drinnen dann der etwas fad schmeckende Kultur-Rucola, welcher zudem noch von weit her angekarrt wurde, teuer verkauft wird.

Die zwischen den Fingern zerriebenen Blätter riechen stark, weshalb die Pflanze den Beinamen »Stinkraute« erhielt. Mir ist das schleierhaft, ich würde das nicht als Gestank bezeichnen. Aber es soll ja sogar Menschen geben, die bei dieser Pflanze einen Geruch nach Schweinebraten wahrnehmen wollen.

Unter dem Begriff »Rauke« fasst der Volksmund viele Arten der Kreuzblütler zusammen. Das Wort an sich ist auf das lateinische Wort *eruca* zurückzuführen. Vielleicht kommt es von Eruca, der haarigen Raupe des Kohlweißlings, da einige Rauken ebenfalls eine Behaarung aufweisen.

So köstlich der Wilde Rucola auch ist, man sollte ihn nicht permanent in großen Mengen verzehren. Er enthält die nach ihm benannte Erucasäure, die eine Herzverfettung und Veränderungen des Herzmuskels begünstigen können. Früher war diese Säure in Raps-Sorten enthalten, weshalb diese nicht zur Speiseölgewinnung genutzt werden konnten. Die gezüchteten Rucola-Sorten enthalten kaum noch Erucasäure, wenn überhaupt. Also: Über ein Jahr lang jeden Morgen massenweise Wilden Rucola zu einem Smoothie mixen, ist keine gute Idee. Aber das haben sehr wahrscheinlich ohnehin die wenigsten vor.

Verwechslungsmöglichkeiten

Es besteht keine größere Gefahr, sich zu vergreifen. Man könnte den Wilden Rucola höchstens mit anderen Rauken-Arten durcheinanderbringen. Im nicht blühenden Zustand könnte man ihn aufgrund gewisser Ähnlichkeiten in der Blattform mit manchen Vertretern der Korbblütler (wie den PA-haltigen Greiskräutern) verwechseln. Wer sich unsicher ist, wartet auf die Blüte.

Kulinarisches rund um den Wilden Rucola

Wichtig ist, dass man den Wilden Rucola wegen der Erucasäure nicht in großen Mengen ständig verwendet. Ansonsten kann er so zubereitet werden wie Rucola aus dem Handel, also als Salatbeigabe, als Pesto, zu Nudelgerichten oder auf der Pizza.

Brennnessel-Arten

Abb. 65: Die Kleine Brennnessel *(Urtica urens)* ist seltener als die große Schwester – beide können gleich verwendet werden.

»Wenn man beim Pflücken von Brennnesseln die Luft anhält, brennen sie nicht mehr.« Davon ist Dagmar überzeugt, schließlich wurde ihr diese Weisheit von ihrer Großmutter mitgegeben.

»Häh, das ist doch Quatsch«, meint Thorsten und schüttelt energisch den Kopf. »Wie soll das denn funktionieren?«

»Gut, wer von euch wäre offen für ein Experiment?«, frage ich mit ausgebreiteten Armen.

Unsichere Blicke, nervöses Lachen.

»Ich mache das so und es klappt immer«, beteuert Dagmar und mindert damit die Zweifel einiger, die sich wagemutig zur Verfügung stellen.

Dagmar, Martina und Mario halten die Luft an, während

ich einen Stängel Brennnessel abreiße und ihn langsam über sechs freigelegte Unterarme streiche. Der Rest der Gruppe schaut in fünf schmerzverzerrte Gesichter, und alle müssen lachen, bis auf Dagmar. Sie ist weiterhin der Überzeugung, dass das schmerzverhindernde Rezept ihrer Großmutter funktioniert, und ich hätte es ihr auch sicher geglaubt, hätte sie nicht, als wir unsere Wanderung fortsetzten, unablässig ihren rechten Unterarm gestreichelt …

Die Brennhaare der Brennnessel bieten neben dem Schmerz die Möglichkeit, sich den atemberaubenden »Erfindungsreichtum« der Natur vor Augen zu führen. Unter dem Mikroskop erkennt man eine mit Histamin und Acetylcholin gefüllte Nadel, die an eine Glasampulle erinnert. Unter dem Nadelköpfchen befindet sich eine Sollbruchstelle, und berührt man das Brennhaar, bricht es hier ab: Die spitze Kanüle bohrt sich in die Haut und gibt die schmerzerzeugenden Stoffe ab. Übrigens werden die Brennhaare umgebogen und stechen nicht tief in die Haut, wenn man die Nessel tatsächlich beherzt anpackt und die Blätter mit einem kräftigen Ruck »abzieht«. Meiner Meinung nach funktioniert diese Methode besser als Luftanhalten (siehe S. 80)!

Der Familie der Brennnesselgewächse (Urticaceae) gehören weltweit über 2000 Arten an, wovon sieben in Deutschland heimisch sind. Am weitaus häufigsten ist die Große Brennnessel (*Urtica dioica*) anzutreffen, ab und zu findet man die Kleine Brennnessel (*Urtica urens*) oder das Aufrechte Glaskraut (*Parietaria officinalis*).

Der Namensbestandteil »Nessel« deutet auf die frühere Verwendung hin, denn bis sich die Baumwolle als Rohmaterial etablierte, wurden unter anderem Brennnesselfasern aufbereitet und versponnen (*nazza* ist Althochdeutsch für »Gespinstpflanze«). Im 19. Jahrhundert erlebte sie eine erneute Blüte, geriet danach aber wieder in Vergessenheit, bis sie von Herstellern von ökologischen Textilien in den Neunzigern wiederentdeckt wurde.

Der antike griechische Arzt Hippocrates empfahl die Brennnessel als regeleinleitendes Mittel, und bei den Germanen war sie dem Gott Donar geweiht, der als Gott der Fruchtbarkeit und als Beschützer der Menschen angesehen wurde. Die Pflanze galt noch lange nach dem Mittelalter als reinigend und vor Dämonen schützend und war zudem Teil der Gründonnerstagskräuter (Neun-Kräuter-Suppe). Im Erzgebirge sagte man der Brennnessel wiederum eine ganz andere Wirkung nach: Legte man einen Stängel zusammen mit einem Besen und einem Kieselstein in die Ecke eines Getreidefelds, so war dieses gegen Mundraub geschützt. Am besten lässt man das Getreidefeld sowieso links liegen und sammelt stattdessen fleißig Brennnesseln.

Ich vermeide ja den Begriff »Superfood«, aber würde mich jemand dazu zwingen, einem Wildkraut diesen Titel zu vergeben, so wäre es die Brennnessel. Schon seit jeher wurde sie als Gemüsepflanze benutzt, auch heute ist sie wieder im Kommen. Und das nicht zu Unrecht: Brennnesselspinat ist sehr schmackhaft, enthält eine Menge Magnesium, Kalium, die Vitamine A, C und E, Eisen sowie Chlorophyll. Die Blätter haben für grüne Pflanzenbestandteile erstaunlich viel Proteine. Die Samen sind ölreich, weisen Schleimstoffe und Vitamin E auf und schmecken geröstet herrlich im Müsli oder im Salat. Brennnessel ist harntreibend und wurde und wird deshalb bei Prostatabeschwerden oder Harnwegserkrankungen eingesetzt. Studien belegen die Wirksamkeit bei Arthrose und Rheuma. Wahrscheinlich ist dies unter anderem auf den hohen Gehalt von Acetylcholin zurückzuführen – der Neurotransmitter regt die Durchblutung an und beschleunigt die Prozesse in den entzündeten Bereichen. Eine blutreinigende oder blutbildende Wirkung wird der Brennnessel nachgesagt, außerdem soll sie bei Haarausfall helfen (was klinisch aber noch nicht bestätigt werden konnte).

Verwechslungsmöglichkeiten

Die Brennnessel-Arten sind unverwechselbar, hier kann man sich praktisch nicht vertun. Theoretisch könnte man sie ohne Blüte mit den Taubnesseln oder der Schwarznessel

Abb. 66: Links die Schwarznessel *(Ballota nigra)* und rechts die Große Brennnessel.

durcheinanderbringen, die sind jedoch ebenfalls essbar und haben außerdem keine Brennhaare.

Kulinarisches rund um Brennnesseln

Um die Brennnessel zu entwaffnen, kann man sie entweder dünsten oder mit einem Nudelholz platt rollen. Starkes und ausgiebiges Waschen funktioniert nur bedingt – ein gewisser Brenneffekt bleibt erhalten. Gummihandschuhe helfen beim Sammeln und Zubereiten, auch wenn trotzdem ein leichtes Brennen spürbar bleibt – ich habe das Gefühl, dass die kieselsäuregestärkten Brennhaare das Gummi durchdringen. Brennnesseln sind aus kulinarischer Sicht sehr wertvoll, aus ihnen kann man alles Mögliche machen. Besonders interessant ist eine Zubereitung wie Spinat. Da die Stängel recht schnell im Jahresverlauf verholzen, sollte man sie frühzeitig sammeln oder sich später nur auf Blätter und Samen beschränken. Letztere ergeben, leicht angeröstet oder pur, eine nussig schmeckende und gesunde Beigabe im Müsli oder Salat.

Croque Monsieur à la Brennnessel

Zutaten: (für sechs Stück)

250 g	Brennnessel
12	Scheiben Toastbrot
	Butter
175 g	geriebener Emmentaler (Mandelsplitter als vegane Alternative)
250 ml	Crème fraîche

1 Dose geschälte Tomaten
2 Zwiebeln
1 Knoblauchzehe
Thymian
1 Lorbeerblatt
Salz
Pfeffer

Zubereitung:

1. Die Zwiebeln und den Knoblauch schälen und hacken.
2. Die Brennnesselblätter gründlich waschen und fein hacken.
3. Crème fraîche und Käse mischen, mit Salz und Pfeffer würzen.
4. Die Butter in einer Pfanne zerlassen, Knoblauch und Zwiebeln bei schwacher Hitze anschwitzen. Thymian und Lorbeerblatt hinzufügen.
5. Die geschälten Tomaten zugeben und 10 Minuten köcheln lassen.
6. In einer zweiten Pfanne die Brennnesseln in Butter etwas anbraten, würzen.
7. Das Toastbrot hellbraun toasten.
8. Auf sechs Toasthälften eine Schicht Tomatensoße verteilen, darüber eine Schicht Brennnessel, danach mit den sechs weiteren Toasthälften bedecken. Die Schichten können ruhig dick sein. Zuletzt die Crème-fraîche-Käse-Mischung auf die obere Toasthälfte verteilen.
9. Bei 200 Grad im Backofen für 15 Minuten überbacken (Grillfunktion oder Oberhitze).

Giersch

Abb. 67: Der Giersch: von den einen gehasst, von den anderen geliebt.

»Das kenne ich! Giersch! Teufelszeug!«, ruft Petra aus, und der Rest der Gruppe fängt an zu lachen. »Nein wirklich«, beharrt sie. »Ich hatte mir den ganz blauäugig am Waldrand ausgegraben, um mir ihn in den Garten zu pflanzen. Ich hatte gelesen, dass er gut schmecken soll. Und jetzt hab ich den Salat!«

Kaum eine Pflanze ruft bei meinen Kräuterwanderungen so heftige emotionale Reaktionen hervor wie dieser auch als Geißfuß bezeichnete Doldenblütler.

»Ach, ärgern hilft da doch nicht«, brummt Hildegard, die mit allen gärtnerischen Wassern gewaschen zu sein scheint. »Einfach aufessen und drüber freuen!«

Da muss sogar Petra schmunzeln.

Tatsächlich ist Giersch als »Gärtnerschreck« verschrien, was der Tatsache geschuldet ist, dass man ihn nur schwer wieder loswird. Er kann den einen oder anderen Gartenliebhaber mit genauen Vorstellungen, wie seine grüne Oase auszusehen hat, in Rage versetzen. Denn der Giersch ist ein zäher Bursche. Aus den in einem Wutausbruch zerhackten Einzelteilen unterirdischer Ausläufer (Rhizomen) wachsen unentwegt neue Pflänzchen. Wer ihm wirklich Herr werden will, hat im Prinzip nur zwei Möglichkeiten: die Erde austauschen oder – wie Hildegard ganz richtig gesagt hat – sich mit ihm anfreunden und aufessen.

Dass auch unsere Vorfahren nicht nur positiv über ihn dachten, könnte der Name Giersch zeigen, der eine Mischung aus Mittelniederdeutsch *gerse* und Lettisch *ghers* sein soll, damals Begriffe für »Unkraut«.

Andererseits sah man in der Pflanze ein gutes Viehfutter, sie war Bestandteil der Gründonnerstagssuppe (Neunerlei) und der Frankfurter Grünen Soße, wurde aufgrund ihrer Bitter- und Gerbstoffe bei Lebensmittelvergiftungen und wegen ihrer ätherischen Öle bei Insektenstichen und Verbrennungen verwendet. Der Geißfuß war zudem ein beliebtes Heilmittel bei Gicht und Rheuma. Wissenschaftlich belegt ist das bislang noch nicht wirklich.

Verwechslungsmöglichkeiten

Der Giersch gehört zu jener verruchten, »schwierigen Familie«: den Doldenblütlern. Da sich einige giftige und ungiftige Doldenblütler ähnlich sehen, kann es leicht zu Fehlentscheidungen kommen. Beim Giersch jedoch braucht man keine Angst haben, sich zu vergreifen, wenn man die »Dreierregel« beachtet: dreikantiger Blattstängel, dreifach gefiedertes Blatt aus einem Punkt, wobei diese drei Teilblätter wiederum dreiteilig sind. Ein dreikantiger Stängel bedeutet, dass er, einmal quer durchgeschnitten, dreieckig aussieht. Rollt man ihn zwischen den Fingern, spürt man die »Kanten«. An ihm sitzen drei Einzelblätter, die wiederum dreifach aufgeteilt sind. Eigentlich handelt es sich um neun Teilblätter an einem Blattstängel, doch so einfach ist es leider nicht immer, da der linke und der rechte Teil oft miteinander verwachsen sind.

Trotzdem: Anhand der Dreierregel kann man den Giersch von allen anderen Pflanzenarten unterscheiden, diese drei Merkmale hat nur er.

Der Giersch wächst (vom Garten einmal abgesehen) auf eher nährstoffreichen Böden an Waldrändern, in lichten Wäldern, in Gebüschen und an Ufern.

Abb. 68: An alle Gärtner und Gärtnerinnen: Keine Angst vor dem Giersch! Lieber aufessen als ärgern – es lohnt sich.

Kulinarisches rund um den Giersch

Der Giersch ist gesund und lecker, so besitzt das nach Möhre und Petersilie schmeckende Kraut viel Vitamin A und C. Die Pflanze ist ziemlich intensiv und dadurch im Salat nicht jedermanns Sache. Verkocht man ihn aber, mildert das den Eigengeschmack stark ab. Ich mag sehr gern ein:

Giersch-Spargel-Omelett

Zutaten

500 g	grüner Spargel
1	rote Chilischote
1	Knoblauchzehe
3	Hände voll Giersch
	Olivenöl
6	Eier
	Salz
	Pfeffer

Zubereitung

1. Spargel waschen, im unteren Drittel schälen und die holzigen Enden abschneiden. Die Stangen in etwa 3 Zentimeter lange Stücke schneiden. Chilischote längs halbieren, entkernen und fein hacken.
2. Knoblauchzehe schälen und fein hacken. Kräuter waschen und ebenfalls fein hacken.
3. Öl in einer beschichteten Pfanne erhitzen und den Spargel darin unter Wenden bei mittlerer Hitze etwa 5 Minuten braten. Knoblauch und Chili zugeben und kurz mitbraten.

4. Die Eier in einer Schüssel verquirlen. Den gehackten Giersch untermischen, mit Salz und Pfeffer würzen.
5. Die Eiermischung über den Spargel gießen und zugedeckt bei kleiner Hitze 8 bis 10 Minuten stocken lassen. Die Pfanne ab und zu schütteln, damit nichts ansetzt.

Wiesen-Bärenklau

Abb. 69: Der Wiesen-Bärenklau (*Heracleum sphondylium*) ist im Gegensatz zu seinem großen Bruder, dem Riesen-Bärenklau, ein wertvolles Küchen-Wildkraut.

»Aber die ist doch giftig, oder?«, fragt Sven, als ich vor einer ungefähr eineinhalb Meter hohen Pflanze mit weißen Doldenblüten stehen bleibe.

»Ja und nein«, antworte ich. Natürlich ist meine Antwort nicht wirklich befriedigend und füge ich hinzu: »Das ist eine der wenigen Pflanzen, die man nicht berühren sollte, die man aber theoretisch essen könnte.«

»Häh?« Die Gruppe ist verwirrt. Will der uns auf den Arm nehmen?

Ich erkläre: »Der Wiesen-Bärenklau gehört zu den Doldenblütengewächsen und enthält Furanocumarine. Gelangen diese fotosensibilisierenden Pflanzenstoffe auf die Haut, können sie in Verbindung mit Sonnenlicht verbrennungsähnliche Symptome samt Blasenbildung hervorrufen.« Eine Studie geht sogar von einem erhöhten Hautkrebsrisiko aus.

»Das Essen dieser Pflanze hingegen ist aber nicht nur unproblematisch«, fahre ich fort, »sondern kann vielmehr eine Bereicherung der Wildkräuterküche sein. Ich sammele ihn regelmäßig und habe bis jetzt noch nie eine ›Wiesendermatitis‹ davongetragen. Ich passe immer auf, dass ich mit dem Pflanzensaft nicht in Berührung komme und suche die Pflanze nicht bei Sonnenschein. Wer ohnehin mit der Haut oder einer Lichtempfindlichkeit zu kämpfen hat, sollte das Sammeln unterlassen oder dabei Gummihandschuhe tragen.«

Verwechselt wird der Wiesen-Bärenklau oft mit dem aus dem Kaukasus stammenden Riesen-Bärenklau, vielfach Herkulesstaude genannt, bei dem die Photodermatitis noch viel stärker ausfällt, weshalb er auf keinen Fall angefasst werden sollte. Werden die Bestände von Behörden aktiv bekämpft, geschieht das einzig mit Schutzanzug.

Der Wiesen-Bärenklau wird selten höher als eineinhalb Meter, der Blattrand erinnert an ein feines Sägeblatt. Sein kaukasischer Verwandter hingegen kann bis zu über drei Meter groß werden, und ich habe schon Stängel gefunden, die den Durchmesser meines Oberarms hatten. Die Blätter des Hünen sehen auch viel »zipfeliger« und spitzrandiger aus. Übrigens kann man die »Ankunft« dieses Einwanderers, der häufig als invasive Problemart bezeichnet wird, genau datieren: 1815 schenkte Zar Alexander I. dem Fürsten von

Metternich eine Vase mit Samen dieser Pflanze – von verschiedenen Ziergärten aus verbreitete sie sich dann in ganz Europa.

Der Gattungsname *Heracleum* bezieht sich auf eine alte Sage, nach der Herakles (»Herkules«) die Heilwirkung der Pflanze entdeckt haben soll, außerdem geht er auf ihren imposanten Wuchs zurück. »Bärenklau« wiederum bezieht sich auf die Behaarung und die Form der Blätter, die an die Tatze (Klauen) eines Bären erinnern können.

In der Volksheilkunde wurde Bärenklau seit dem Mittelalter als Heilkraut gegen Blähungen und Durchfall, als Hustenmittel und als Aphrodisiakum – wohl wegen seines stattlichen Wuchses – eingesetzt. Und vorher? Es gibt keine Belege für eine besondere mythologische Stellung oder Verwendung dieser Pflanze bei unseren germanischen Vorfahren. Lediglich einige slawische Völker brauten aus ihm eine Art Bier (Bartsch).

Wer nach ihm sucht, findet ihn am besten auf Wiesen, an Weg- und Waldrändern, an Bachufern und Gräben.

Verwechslungsmöglichkeiten

Achtung! Bis auf den Giersch sind die Vertreter der Doldenblütler für Anfänger erst einmal tabu (möchte man sie zu Speisezwecken sammeln, siehe S. 95). Zu den Doldenblütlern gehört auch der fast identisch aussehende Wiesen-Bärenklau.

Abb. 70: Der Riesen-Bärenklau ist wahrlich ein Ungetüm. Bis zu vier Meter kann er groß werden und sollte aufgrund der starken Hautreaktionen nicht gesammelt werden.

Kulinarisches rund um den Wiesen-Bärenklau

Die Blätter des Bärenklaus liefern durch die Behaarung ein etwas gewöhnungsbedürftiges, aber tolles und angenehm nach Sellerie und Möhre schmeckendes Wildgemüse. Die Samen sind sehr aromatisch und erinnern ein wenig an Kardamom. Bärenklau enthält Vitamin A und C, ätherische Öle sowie Magnesium und Kalzium.

Wiesen-Bärenklau-Soufflé

Zutaten:

80 g Butter oder Margarine
80 g Mehl
250 ml Milch
1 Zwiebel
zwei Hände voll Wiesen-Bärenklaublätter
Gemüsebrühe (Pulver)
6 Eier
160 g Parmesan (oder fein gehackte Mandeln)
Pfeffer

Zubereitung:

1. Für die Mehlschwitze Milch aufwärmen. Die Hälfte der Butter schmelzen, Mehl dazugeben, kurz einbrennen. Unter Rühren die heiße Milch dazugeben, dick einkochen.
2. Zwiebel und Bärenklaublätter hacken und in der restlichen Butter in einer Pfanne anbraten.
3. Ist die Flüssigkeit verdampft, mit Brühe und Pfeffer würzen. Den Käse reiben.
4. Die Mehlschwitze und den geriebenen Käse in die Blätter geben.
5. Eigelb vom Eiklar trennen, dabei darf kein Eigelb in das Eiklar gelangen. Eiweiß steif schlagen.
6. Das Eiweiß vorsichtig und in kleinen Portionen mit einem Löffel unter die Blätter-Käse-Mehlschwitz-Mischung heben.
7. In kleine feuerfeste Formen geben und bei 160 Grad im Ofen für 30 Minuten backen.

Gewöhnliche Vogelmiere

Abb. 71: Die Vogelmiere (*Stellaria media*) kann leicht mit anderen Arten verwechselt werden. Zum Glück sind diese ebenfalls essbar.

»Ist das da Vogelmiere?«, fragt Nora und zeigt auf ein hellgrünes, an einer Stelle den Waldboden bedeckendes Wildkraut mit kleinen weißen Blüten.

»Ja, ist es.« Timo ist sich sicher und will weitergehen.

Ich knie mich aber hin und schaue mir die Pflanze genau an. »Ja, ihr beide habt recht«, sage ich schließlich und pflücke das zarte Kräutlein, um es der Gruppe zu zeigen. Die ist etwas verwundert über den Umstand, dass ich als angeblicher Experte mich bücken musste, um etwas zu sehen, das einer Teilnehmerin des Kurses sofort klar war.

Unter den Nelkengewächsen (Caryophyllaceae) gibt es nur wenige nicht gut verträgliche oder giftige Arten. Dazu gehört zum Beispiel die heute sehr selten gewordene Kornrade (*Agrostemma githago*). Die Gewöhnliche Vogelmiere hat auf den ersten Blick viel Ähnlichkeit mit einer ganzen Reihe anderer Nelkengewächse. Oft werden die verschiedenen Mieren-Arten wie die Sternmieren oder der Wasserdarm (*Stellaria aquatica*), wie Hornkräuter (*Cerastium sp.*), Sandkräuter (*Arenaria sp.*) oder Nabelmieren (*Moehringia sp.*) für die Gewöhnliche Vogelmiere gehalten. Das Gute an der Vogelmiere ist, dass es nicht schlimm ist, wenn man sich an ihrer statt an diesen ähnlichen Arten bedient – sie sind allesamt essbar. Warum dann überhaupt diese Erbsenzählerei?

Die Differenzierungen sind mir nicht etwa wichtig, weil ich mich ansonsten in meiner botanischen Ehre gekränkt fühlen könnte, sondern weil ich dazu animieren möchte, nicht vorschnell Schlüsse zu ziehen. Na gut, und weil es mich in meiner botanischen Ehre kränken würde.

Wer Lust darauf hat, beim nächsten Spaziergang mit Freunden anzugeben: Die Vogelmiere erkennt man immer an der einreihigen Haarreihe. Das bedeutet, dass eine dünne Linie von dichten Härchen den Stängel herabläuft, das findet man bei den anderen Arten nicht. Die Vogelmiere ist mit ihrem Irokesenschnitt der Punk unter den Wildkräutern.

Die Pflanze verdankt ihren Namen dem Umstand, dass die Blätter und vor allem die Samen gerne von Vögeln gefressen werden. Darauf bezieht sich auch ihr Name »Hühnerdarm«, wobei der Darm auf die Leitbündel (Leitungsbahnen) anspielen soll, die man aus den Stängeln herausziehen kann. Der Namensbestandteil »Miere« lässt sich nicht mehr nachvollziehen, die Herkunft gilt als etymologisch verschollen.

Jedenfalls freuen sich nicht nur Vögel über dieses frische,

knackige Grün – wir können damit ebenfalls unseren Wildkräutersalat bereichern. Vogelmiere steckt nicht nur voller Kalzium, Kalium, Eisen, den Vitaminen A, C, B1, B2, B3 und Selen, sondern ist im Vergleich zu vielen anderen Wildkräutern sehr zart und überhaupt nicht bitter.

Freunde von mir betreiben in der Nähe von Berlin eine gemeinschaftlich getragene ökologische Landwirtschaft und hatten lange mit der Vogelmiere in ihrem Gewächshaus zu kämpfen gehabt. Mit der Zeit merkten sie aber, dass die Pflanze, die in den Salatlieferungen versehentlich mitreiste, bei den Kunden gut ankam. Seitdem lassen sie das vermeintliche Unkraut zwischen dem Salat wachsen, ernten beides gemeinsam und haben somit eine Wildkräuter-Salatmischung im Angebot. Toll!

Aufgrund der enthaltenen Saponine wurde die Vogelmiere in der Volksheilkunde bei Atemwegserkrankungen eingesetzt, in der Homöopathie wird sie zur Sehkraftstärkung, bei Geschwüren und Ausschlägen, bei rheumatischen Erkrankungen sowie als verdauungsförderndes und entzündungshemmendes Heilmittel verwendet. Zu Letzterem gibt es eine Studie, die einen Effekt bestätigte, jedoch handelte es sich hierbei um hochpotenzierte Extrakte.

Verwechslungsmöglichkeiten

Es existieren keine giftigen Pflanzen, die man mit der Vogelmiere verwechseln könnte. Die anderen Mieren und Hornkräuter haben zum Teil ähnliche Blätter und warten auch mit kleinen, hübschen weißen Blüten auf. Sie sind ebenso essbar, selbst wenn sie nicht ganz so zart sind wie die Vogel-

Abb. 72: Die einreihige Haarreihe der Vogelmiere.

Abb. 73: Zwar keine Vogelmiere, aber auch lecker: der Wasserdarm.

miere. Das typische Merkmal der Vogelmiere ist, wie erwähnt, eine einreihige Haarreihe.

Kulinarisches rund um die Vogelmiere

Vogelmiere ist für mich das beste Salat-Wildkraut, da die Stängel noch weit im Jahr sehr zart bleiben. Man kann sie schnell in größeren Mengen sammeln und als Ganzes verwerten.

Sie schmeckt frisch-grün und etwas nach jungem Mais.

Gemeine Wegwarte

Abb. 74: Wer hätte das gedacht? Hier wächst der wilde Chicorée einfach am Wegesrand.

Ich knie mich neben eine hüfthohe Pflanze mit hellvioletten Korbblüten und zupfe eines der Laubblätter ab, das entfernt an Löwenzahn erinnert. Im allgemeinen Gemurmel der Gruppe vernehme ich mehrmals »Kornblume«.

»Ich habe gerade Kornblume gehört«, sage ich. »Das ist schon mal super. Sie sehen sich tatsächlich etwas ähnlich und gehören auch beide zu den Korbblütlern. Was wir hier aber haben, ist nicht die Kornblume, sondern eine Pflanze, deren Zuchtform der eine oder andere von euch bestimmt ab und zu mal als bitteren Salat isst. Chicorée …«

»Chicorée? Hier am Wegesrand? Aber der ist doch normalerweise bleich und ohne Stängel und sieht sowieso so ganz anders aus.«

Die Wegwarte ist eine uralte Heilpflanze, die erste schriftliche Erwähnung findet sich in über 4000 Jahre alten ägyptischen Schriften. Nicht nur Griechen und Römer verwendeten sie in der Antike, auch unsere germanischen Vorfahren hielten sie für eine Pflanze, in der die Seelen Verstorbener wohnten und die deshalb besondere Heilkräfte besaß. So sollte sie von den »wilden Frauen aus dem Walde« in die Hände der »kreißenden« (also »gebärenden«, beachte das Wort »Kreißsaal«) Frauen gelegt werden, um die Geburt zu erleichtern. Um kaum ein anderes Wildkraut rankten sich seit dem Mittelalter so viele Legenden und Sagen, über kaum ein anderes wurden so viele Gedichte geschrieben wie über diesen, »am Wege wartenden« Korbblütler.

Eine Erzählung aus dem frühen 15. Jahrhundert bildete die Grundlage vieler Umdeutungen und Neuerzählungen. Im Lehrgedicht *Pluemen der Tugent* des Tiroler Amtmanns Hans Vintler ist die in Thüringen auch Sonnenwendel genannte Pflanze die Blume der Tugend, die nach dem Weg der Sonne Ausschau hält. Eine Sage wiederum ist so romantisch-kitschig, dass ich sie bei Führungen erzählen muss, weil ich jedes Mal gespannt auf die Reaktionen bin: Eine holde Maid wurde einst von ihrem Liebsten verlassen, da er in den Krieg ziehen musste. Als er selbst nach langem Warten nicht wiederkehrte, sprach diese: »Eh als ich lass das Weinen stehn, / will ich lieber auf die Wegscheid gehn, / eine Feldblum dort zu werden.« Das geschah dann auch, und die Jungfrau wartet heute noch am Wegesrand mit ihren großen blauen Augen, bis dass der Liebste heimkehren und sie aus der pflanzlichen Starre erwecken möge. Eine Vorzeigegeschichte der Emanzipation ist diese Sage nicht gerade, trotzdem ist sie irgendwie rührend.

Weiterhin verbanden die Menschen scheinbar abstruse und uns heute nicht immer zugängliche Rituale mit der Wegwarte. So sollte sie zur Keuschheit verhelfen oder wurde benutzt, um einen Liebeszauber auszulösen (insbesondere benutzte man hierzu die selteneren und weiß blühenden Exemplare), allerdings nur, wenn man sie am Aposteltag nicht mit den Händen, sondern mithilfe eines Hirschgeweihs ausgräbt. Großartig auch das: Legt man sich eine Wegwarte unters Kopfkissen, wird in der Nacht die Identität des Diebes aufgedeckt, von dem man bestohlen wurde. Eine weiß blühende Wegwarte sollte einen Menschen zudem »stichfest und schussfest«, ja sogar unsichtbar machen.

Früher wurde die Wegwarte, die reich an Inulin, Kalium und Bitterstoffen ist, gegen alles Mögliche angewendet: gegen Warzen, Epilepsie, zur Steigerung des Blutflusses, gegen Hautunreinheiten und Augenkrankheiten. Letzteres ist der Blütenfarbe geschuldet, da man glaubte, Pflanzen mit blauen Blüten seien hervorragend für die Augen. In der modernen Pflanzenheilkunde wird sie vor allem wegen der Bitterstoffe bei Appetitlosigkeit, gegen Blähungen und zur Steigerung der Gallensaftsekretion verwendet. 2020 wurde sie zur Heilpflanze des Jahres gekürt. Erste Ergebnisse einer Studie der Berliner Charité sprachen für einen positiven Effekt, was eine spannungslösende und beruhigende Wirkung betrifft (leider wurde sie nicht weitergeführt).

Die Wegwarte ist an Wegrändern, auf Weiden und an Ackerrandstreifen zu finden. Die blassvioletten Blüten öffnen sich gegen sechs Uhr morgens, um ihre Bestäuber (Bienen und Schwebfliegen) anzulocken. Bei gutem Wetter schließt sich die Blüte gegen Mittag, bei schlechtem hält sie noch etwas länger durch. Im Gegensatz zur Kornblume haben die Zungenblüten der Wegwarte einen fünfzipfeligen, sägezahnähnlichen Rand, sind im Farbton etwas bleicher, die Laubblätter ähneln mehr dem Löwenzahn.

Als der Kaffee seinen Siegeszug im 16. Jahrhundert in Europa antrat, hatte die normale Bevölkerung keinen Zugang zu diesem Luxusprodukt. Man behalf sich stattdessen mit Muckefuck, der später noch in Kriegszeiten aus der Wegwarte (»Zichorienkaffee« oder »Blümchenkaffee«) hergestellt wurde und momentan als koffeinfreie regionale und ökologischere Alternative wieder im Kommen ist. Für Chicorée werden Wegwarten-Sorten angebaut und deren Wurzeln geerntet. Nachdem sie kühl und dunkel gelagert werden, wachsen die schmackhaften, chlorophyllfreien Knospen, die dann nur noch von den Wurzeln befreit werden müssen. Eine Schwesterart der Wegwarte ist übrigens die Endivie.

Verwechslungsmöglichkeiten

Es existieren keine giftigen Doppelgänger, Verwechslungen gibt es nur mit der (essbaren) Kornblume. Auch mit (ebenfalls essbaren) Flockenblumen-Arten könnte es auf den ersten Blick zu einer Verwechslung kommen.

Kulinarisches rund um die Wegwarte

Die Wurzeln der Wegwarte enthalten – wie viele andere Korbblütler – eine große Menge Inulin als Speicherstoff, unter Umständen kann es Blähungen und Völlegefühl hervorrufen. Die Wegwarte wird leider immer seltener, weshalb man es besser unterlassen sollte, sie zu sammeln. Gegen einen eigenen Anbau im Garten und der anschließenden Verwendung spricht jedoch nichts. So kann man sich seinen eigenen Muckefuck herstellen, das ist gar nicht schwer:

Muckefuck für Eigenanbauer

1. Die Wurzeln der Wegwarte mit einem Hilfsmittel vorsichtig aus der Erde hebeln, sodass sie nicht abbricht. Diese dann gründlich waschen und abbürsten.
2. Wurzeln in Stücke schneiden und an der Luft (am besten im Dunklen) trocknen lassen. Alternativ im Backofen bei leicht geöffneter Ofentür trocknen, damit die Feuchtigkeit entweichen kann.
3. Wurzelstücke in einer beschichteten Pfanne bei niedriger Temperatur unter ständigem Rühren vorsichtig rösten, sodass nichts anbrennt.
4. Sind die Stücke etwas bräunlich geworden, eine kleine Prise Zucker hinzugeben. Die Zuckercouleur trägt zum typischen Muckefuck-Geschmack bei.
5. Die Muckefuck-Chips nun luftdicht und dunkel lagern. Mit einer Kaffeemühle kann man sie je nach Bedarf mahlen und aufbrühen.

Echte Nelkenwurz

Abb. 75: Eine der wirksamsten heimischen Heilkräuter bei Halsschmerzen: die Echte Nelkenwurz.

»Hast du schon mal Nelkenwurz probiert?«, frage ich Rosi, die mit dickem Wollschal und trotz leichten Halsschmerzen zur Winter-Kräuterwanderung gekommen ist. Nein, hat sie nicht, wäre aber durchaus bereit, das zu ändern. »Die Echte Nelkenwurz hat eine Menge Gerbstoffe und wirkt bei Halsschmerzen echt wahre Wunder!« Ich grabe die Pflanze, deren Blattrosette sich flach auf dem Waldboden am Rand eines Weges drückt, vorsichtig aus. »Man findet sie das gesamte Jahr über, selbst unter der geschlossenen Schneedecke.« Auch wenn das Ausgraben bei Bodenfrost wesentlich schwieriger ist als in diesem milden Winter. Ich stelle mich so hin, dass alle die verzweigte Wurzel gut sehen können und zerteile sie dann vorsichtig mit dem Daumennagel. Das Innere leuchtet faszinierend violett.

Nelkenwurz – der Name kann zunächst etwas irritieren, schließlich gehört diese Gattung mit ihren vier in Deutschland vorkommenden Arten nicht zu den Nelken-, sondern zu den Rosengewächsen. Wer aber die äußere Schicht der Wurzel abreibt und daran riecht, kann die Wahl des deutschen Artnamens nachvollziehen, erinnert dieser Geruch doch sehr an den von Gewürznelken. »Wurz« ist ein althochdeutscher Begriff für »Wurzel« oder »Pflanze« und deutet nicht zwangsläufig auf eine Verwandtschaft mit anderen »Wurzen« hin. Und warum ist diese Art eine »Echte«? Neben anderen Nelkenwurz-Arten, von denen die Bach-Nelkenwurz (*Geum rivale*) am zweithäufigsten vorkommt, war die Echte Nelkenwurz diejenige, von der man sich die stärkste Heilkraft versprach.

Die Echte Nelkenwurz wurde bereits im Altertum als Heilpflanze verwendet, allen voran empfahl der römische Gelehrte und Offizier Plinius der Ältere (nicht sein Neffe »der Jüngere«, wie es im Netz falsch wiedergegeben wird) sie bei Brustbeschwerden. Besonders im Mittelalter wurde die Pflanze als Heilkraut äußerst geschätzt. Hildegard von Bingen pries sie sogar als Aphrodisiakum an, weshalb sie den vielversprechenden Namen »Manneskraft« erhielt. Andere mittelalterliche Quellen berichten von ihrer Wirksamkeit bei Schlaganfällen, Hirnhautentzündungen und Blasenschwäche. Gleichzeitig wurde sie – wie viele stark duftende Pflanzen – dämonisiert. Ihre magische Energie wurde aber genutzt, um sie mit anderen Kräutern zu einem Malefizpulver (Malefiz = Frevel, Gegenteil von Benefiz) zu vermahlen, mit dem man Hexen abwehren und Teufel austreiben konnte.

Die Benediktiner gaben die Nelkenwurz ihren Kräuterlikören bei, was ihr einen weiteren Namen einbrachte: Benediktinerkraut. Der hohe Gehalt an Gerbstoffen und ätherischen Ölen (vor allem Eugenol) hatte neben der geschmacklichen Komponente wahrscheinlich eine gewisse desinfizierende Wirkung, weshalb die Pflanze auch Bier und Wein zugesetzt wurde.

Die moderne Heilpflanzenkunde nutzt sie aufgrund ihrer Inhaltsstoffe bei Magen-Darm-Beschwerden, Durchfall und als Gurgelmittel bei Halsschmerzen.

Doch nicht alle haben eine Passion für die Nelkenwurz: So attraktiv uns Menschen diese Pflanze vorkommt, so wenig sind Bestäuber an ihr interessiert. Lediglich ein paar Fliegen verirren sich ab und zu auf ihre Blüten. Die Nelkenwurz nimmt es gelassen und bestäubt sich in der Regel einfach selbst. Nach der (Selbst-)Befruchtung entsteht eine klettenartige Frucht, die von felltragenden Tieren – Langhaarhundebesitzer können ein Lied davon singen – verbreitet werden.

Es erfordert ein wenig Übung, die Echte Nelkenwurz in den Wintermonaten zu bestimmen. Wer sich aber einmal die derben, dunkelgrünen Blätter mit ihrer charakteristischen Form gemerkt hat, wird sie häufig in Wäldern und unter dem Laub an Waldwegen finden. Bei der Bestimmung muss man bedenken, dass die Grundblätter (hier eine Blattrosette) den Stängelblättern kaum ähnlich sehen.

Verwechslungsmöglichkeiten

Obwohl die Echte Nelkenwurz keine giftigen Verwechslungspartner hat, sollte man als Anfänger auf das Erscheinen der charakteristischen Blüten und der zerfallenden, klettenartigen Früchte warten, um sicherzugehen, es mit der Echten Nelkenwurz zu tun zu haben. Ohne Blüte haben Anfänger manchmal Schwierigkeiten, ihre Blätter von denen des giftigen Schöllkrauts zu unterscheiden. Gut zu wissen: Nelkenwurzblätter haben zwischen den größeren Blattabschnitten immer kleine, gegenüberliegende Blättchen, auch sind sie behaarter und dunkelgrüner als beim Schöllkraut. Letzteres hat zudem einen auffällig gelben bis orangefarbenen Pflanzensaft.

Abb. 76: Unten die Echte Nelkenwurz, oben das giftige Schöllkraut.

Mittel gegen Halsschmerzen: Echte Nelkenwurz

Die Echte Nelkenwurz ist eine Pflanze der Kategorie II (siehe Seite 98), das heißt, sie kann richtig dosiert heilfördernde Wirkung haben. Sie ist eines der potentesten heimischen Heilkräuter, die es gegen Halsschmerzen gibt. Die Wurzel enthält eine große Menge Gerbstoffe, die bei Rachen-, Mund- und Halsschmerzen Wunder wirken. In der Naturheilkunde sammelt man für einen Sud zwei bis drei Pflanzen, dabei gräbt man die Wurzel mit einem stabilen Stöckchen oder einem anderen Hilfsmittel vorsichtig aus, damit sie nicht im Boden stecken bleibt. Die Wurzeln werden unter fließendem Wasser gesäubert und in kleine Stückchen geschnitten. Anschließend kocht man sie in einem Topf mit etwas Wasser ungefähr 20 Minuten, bis sich ein rötlicher Sud bildet. Mit diesem nun gurgeln, und die Halsschmerzen sind innerhalb weniger Tage vertrieben. Bei Magenverstimmung oder Durchfall kann man etwas von dem Sud trinken.

Gundermann

Abb. 77: Gundermann – dieser schöne Lippenblütler kann mitunter massenhaft auftreten und ganze Teppiche bilden.

»Gundermann übte auf die Menschen früher eine große Anziehungskraft aus und hatte definitiv etwas Magisches an sich.« Was wie ein Nachruf auf den womöglich einflussreichsten Liedermacher der DDR klingt, den Baggerfahrer Gerhard Gundermann, bezieht sich auf eine Pflanze mit auffallend schönen hellvioletten Lippenblüten. Nach über hundert Kräuterwanderungen wage ich die Behauptung, dass der Gundermann (*Glechoma hederacea*) zu den zehn bekanntesten Wildkräutern gehört, auch wenn er im nicht blühenden Zustand nicht selten mit anderen Arten verwechselt wird. »Zerreibt mal ein Blatt und riecht daran«, fordere ich weiter alle aus der Gruppe auf. Immer wieder ist es spannend, zu erleben, wie stark die Empfindungen bei Gerüchen auseinandergehen. Das geht von »Bäh« über »Hmm, interessant« bis zu »Widerlich!« oder »Wow, krass!«.

Es gibt zwei unterschiedliche Erklärungsversuche, wie der Name »Gundermann« entstanden sein könnte. Zum einen kriecht die auch Gundelrebe oder Erd-Efeu genannte Pflanze auf dem Boden und bildet dabei Ausläufer. Sie haftet sich also an die Erde, den Bodengrund, ähnlich wie es Reben an vertikalen Stützen tun. Aus *grunderêba* (9. Jahrhundert) wurde im 12. Jahrhundert *gunderam*, in Anlehnung an den Namen Gundram. Im 17. Jahrhundert schließlich wurde er umgedeutet zu »Gundermann«. Eine weitere Erklärung bezieht sich auf das althochdeutsche Wort *gund*, was so viel wie »Eiter« bedeutet und sich auf die Verwendung der Pflanze als Heilkraut beziehen könnte.

Sicherlich wurde die Pflanze auch im mitteleuropäischen Altertum verwendet, es lassen sich dazu aber keine gesicherten Quellen finden. Anders sieht es im Mittelalter aus: Hier half der Lippenblütler nicht nur bei schwer heilenden Wunden, sondern ebenso beim »Milchzauber«: Wollte die Kuh keine Milch mehr geben, wurde Gundermann kurzerhand mit Wasserlinsen vermengt und im Stall unter Verwendung der richtigen Worte verteilt. So war die »behexte« Milch wieder gereinigt. Diese Methode wurde in manchen Landesteilen übrigens bis zu Beginn des 20. Jahrhunderts angewendet. Gundermann half laut einer Sagensammlung von Johannes Praetorius nicht nur, das böse Werk von Hexen zu neutralisieren, auch konnte man mithilfe eines geflochtenen Kranzes diese erkennen, man hatte damit quasi einen »Hexendetektor«. Gundermann wurde aber nicht nur als Heil- und Zauberkraut verwendet, er war weiterhin Bestandteil der Gründonnerstagssuppe und wurde in Pommern dem Rührei zugegeben.

Der Gundermann wächst ab März im Halbschatten und hat neben den unterirdischen Ausläufern eine besondere Taktik entwickelt, seine Samen zu verbreiten: Ameisen finden die sie ungemein anziehend, sodass sie diese mit sich herumschleppen und so zur Ausbreitung beitragen.

Dem Gundermann werden so einige gesundheitsfördernde Wirkungen nachgesagt, klinische Studien mit positiven Ergebnissen gibt es jedoch aktuell keine. Auch wenn er Gerbstoffe, Bitterstoffe und ätherische Öle enthält, haben andere Wildkräuter eine viel höhere Dosis und eine größere Heilwirkung zu bieten. Pferdebesitzer sollten ganz besonders bei diesem schönen Lippenblütler achtgeben: Pferde kommen mit dem Bitterstoff Glechomin nicht zurecht, weshalb diese nicht mit größeren Gundermann-Mengen gefüttert werden sollen; es gab da wohl sogar schon Todesfälle. Wie dem auch sei, eine Berechtigung als besondere Gewürzpflanze für unsere Küche hat er allemal. Und natürlich als Hexendetektor, wobei ich bis jetzt keine damit entdecken konnte. Passiert vielleicht noch.

Verwechslungsmöglichkeiten

Da der Gundermann recht variabel im Aussehen daherkommt, macht er es Anfängern nicht leicht, ihn zu bestimmen. An sonnigen Standorten ist er manchmal rot überlaufen, und die Blätter sehen sehr derb aus. Im jungen Zustand kann er als Double von nah verwandten Pflanzen wie den Ziest-Arten oder den Taubnesseln fungieren. Der Gundermann »kriecht« im Gegensatz zu diesen aber und kann somit höchstens mit dem (ungiftigen) Kriechenden Günsel (*Ajuga reptans*) verwechselt werden. Dieser hat jedoch ungestielte Laubblätter und die vielen Blüten stehen enger gedrängt als beim Gundermann. Hat man die Laubblätter einmal »abge-

Abb. 78: Mit Blüte unverkennbar, ohne Blüte für Anfänger oft schwer vom Gundermann zu unterscheiden: das zu den Hahnenfußgewächsen gehörende Scharbockskraut.

speichert«, wird man sie auch im nicht blühenden Zustand sicher erkennen.

Ohne Blüten haben manche Menschen Schwierigkeiten, ihn vom (nach der Blüte leicht giftigen) Scharbockskraut (siehe S. 282) zu unterscheiden. Die Blätter des Scharbockskrauts sind aber viel feiner gekerbt als beim Gundermann, und die Blattaderung ist nicht ganz so deutlich zu sehen.

Kulinarisches rund um den Gundermann

Gundermann hat einen sehr eigenen Geschmack, den man kaum mit etwas anderem vergleichen kann. In den Kochkursen verwenden wir ihn manchmal für eine Nachspeise, indem wir die Blätter in flüssige Schokolade tauchen. Sein intensiver Geschmack in Verbindung mit der Süße schafft einen tollen Kontrast und hat selbst denjenigen gemundet, die ihn vorher nicht riechen konnten:

Gundermann-Schokoladenplättchen

Um Gundermannblätter zu schokolieren, stellt man einen Topf mit Schokolade in einen mit etwas Wasser gefüllten größeren Topf und erhitzt alles vorsichtig, sodass die Schokolade schmilzt, ohne anzubrennen. Taucht man die Blätter nun ein und lässt sie auf Küchenpapier trocknen, sieht das nicht nur sehr edel aus, sondern schmeckt auch ganz wunderbar.

Taubnesseln

Abb. 79: Die Purpurrote Taubnessel kann das ganze Jahr über gesammelt werden. Sie ist sogar manchmal unter der Schneedecke zu finden.

»Die brennen doch gar nicht!« Johanna ist sich sehr sicher und ihr Lächeln hat etwas Herausforderndes. Ein Teil der Wildkräutergruppe pflichtet ihr bei, andere sind verhaltener.

Als ich frage: »Alles klar, wer leiht mir seinen Unterarm mal kurz aus?«, macht sich schlagartig größere Zurückhaltung breit. Doch nach ein paar Augenblicken tritt Johanna entschlossen vor und stellt sich todesmutig zur Verfügung. Ich streiche mit der brennnesselähnlichen Pflanze über ihren Unterarm und sie schreit kurz auf. »Aua!« Alle schauen erschrocken, bis sie schnell hinzufügt: »War ein Scherz! Wie ich gesagt hab, die tut nix.«

Zur Gattung der Taubnesseln zählen in Deutschland

sechs Arten, wobei die Weiße Taubnessel (*Lamium album*), die Purpurrote Taubnessel (*Lamium purpureum*) und die Gefleckte Taubnessel (*Lamium maculatum*) am häufigsten sind. Ob die Gewöhnliche Goldnessel (*Lamium galeobdolon*) und ihre Zuchtform, die Silberblättrige Goldnessel (*Lamium argentatum*) zu den Taubnesseln gehören oder eine eigene Gruppe bilden, wird zurzeit noch diskutiert.

Im Englischen werden die Taubnesseln *dead nettle* genannt, was ebenso wie das deutsche »Taub-« anzeigt, dass sie der Brennnessel zwar (im nicht blühenden Zustand) ähnlich sehen, aber im Gegensatz zu dieser nicht brennen.

Taubnesseln haben Inhaltsstoffe mit leicht antibiotischer Wirkung, darunter ätherische Öle, Iridoide, Gerbstoffe und Saponine. Der Botaniker und Arzt Adam Lonitzer empfahl sie 1557 gegen »weißen Ausfluss junger Frauen«, und sie war überhaupt in der Volksmedizin als Mittel gegen diverse »Frauenleiden« verbreitet. Der Naturkundler und Priester Sebastian Kneipp lobte die Taubnesseln als Mittel gegen Ohrenschmerzen und gegen Atemwegserkrankungen. Die Studienlage ist, was die Wirksamkeit von Taubnesseln betrifft, bislang aber immer noch sehr dünn.

Taubnesseln sind äußerst beliebt bei (Wild-)Bienen und werden daher auch »Bienensaug« genannt. Da haben beide etwas davon: Die Biene erhält zuckerreichen Nektar und bestäubt die Pflanze dafür im Gegenzug. Doch die Natur kennt Betrug – und nicht jede Wildbiene möchte sich mit dem Blütenapparat abmühen, schließlich muss man die Lippenblüten auseinanderdrücken, um an die kostbare Süße zu gelangen. Große Wildbienen wie Hummeln beißen die Kronröhre einfach an der Seite auf und »stehlen« sich den Nektar. Das freut dann wiederum kleinere Insekten, die nun ebenfalls aus dem »Blütenleck« trinken und ihren Teil des Deals, die Bestäubung, nicht mehr einlösen. Andere Nektardiebe sind Kinder, die die Blüten aussaugen. Am besten tut man dies in den Morgenstunden, denn da sind die Nektarspeicher noch ziemlich voll.

Nicht selten bleiben manche Blüten geschlossen und vertrauen nicht auf die Mitarbeit anderer. Sie bestäuben sich einfach selbst. Was dazu führt, dass man sogar unter einer geschlossenen Schneedecke blühende Taubnesseln finden kann!

Interessant ist auch die Verbreitungstaktik, was die Samen der Taubnesseln betrifft. An diesen sitzen kleine ölhaltige Körperchen (Elaiosomen), die gern von Ameisen gefressen werden. Die Insekten schleppen die Samen mit in ihren Bau, zwicken die energiehaltigen Ölkörper ab und tragen

Abb. 80: Links die Schwarznessel, rechts eine Große Brennnessel.

Abb. 81: Die Poleiminze gehört zu den wenigen bei uns heimischen Lippenblütlern, die als giftig eingestuft werden.

den eigentlichen Samen wieder hinaus auf ihren »Ameisenkompost«. Dort wächst die Taubnessel dann an ihrem neuen Standort, der mitunter viele Hundert Meter entfernt liegt.

Verwechslungsmöglichkeiten

Verwechseln kann man die Taubnesseln theoretisch mit den verschiedenen Arten von Ziest, Hohlzahn, Schwarznessel, Goldnessel und den Helmkräutern. Das ist aber nicht weiter tragisch, die allermeisten dieser Lippenblütler sind essbar. Die wenigen leicht giftigen Arten sehen bis auf den Blütentyp den Taubnesseln nicht ähnlich.

Lediglich die giftige Poleiminze (*Mentha pulegium*) sollte vermieden werden.

Kulinarisches rund um Taubnesseln

Taubnesseln sind ein sehr leckeres Wildgemüse. Junge Pflanzen, bei denen die Stängel noch zart sind, können mitsamt der Blüte verwendet werden. Bei älteren Exemplaren sollte man Blätter und Blüten abzupfen und den Stängel verwerfen. Das muss man einfach mal ausprobieren:

Taubnessel-Quiche

Zutaten:

250 g	Weizenmehl
125 g	Butter oder Margarine
250 ml	Milch
250 ml	Crème fraîche
4	Eier
1	Zwiebel
250 g	Taubnesseln
100 g	Feta
60 g	geriebener Emmentaler
	Muskatnuss
	Salz
	Pfeffer

Zubereitung:

1. Arbeitsplatte mit Mehl bestreuen. Das Weizenmehl anhäufeln und einen kleinen Krater machen.
2. Ein Ei in Eigelb und Eiklar trennen, das Eigelb mit der Butter mischen und in den Krater geben. Das Eiklar kann später mit den restlichen Eiern vermengt werden.
3. Etwas lauwarmes Wasser hinzugeben, bis ein fester Teig

entsteht. Aus dem Teig einen Ball formen, ihn in Klarsichtfolie einwickeln und 25 Minuten ruhen lassen – nicht länger, da er sonst zu hart wird.

4. Taubnesseln waschen und fein schneiden.
5. Zwiebel schälen und hacken.
6. Die restlichen Eier in einer Schüssel 2 Minuten lang kräftig mit dem Schneebesen verrühren.
7. Milch und Crème fraîche unter Rühren hinzugeben. Mit Salz und Pfeffer würzen.
8. Den Backofen auf 180 Grad vorheizen.
9. In einer Pfanne die Zwiebeln glasig andünsten, Taubnesseln zugeben, 8 Minuten bei mittlerer Hitze weiterbraten und häufig umrühren.
10. Eine runde Form einfetten.
11. Den Teig mit einem Nudelholz ausrollen, bis er wenige Millimeter dick ist. In die Form geben, den Teig mit einer Gabel einstechen.
12. Die Taubnessel auf dem Quiche-Teig verteilen, darüber kommt die Füllung aus Milch und Crème fraîche.
13. Feta und Emmentaler über die Quiche streuen.
14. 35 Minuten im Ofen bei 180 Grad backen.

Bärlauch und Wunder-Lauch

Abb. 82: Oft riecht man ihn schon von Weitem: Bärlauch.

Ich stehe mit zwölf tapferen Wildkräuterinteressierten Anfang April am Rande eines Berliner Wäldchens. Trotz Nieselregen und einem ordentlichen Wind steigt uns ein betörender Geruch in die Nase.

»Hier riecht es nach Bärlauch«, sagt Jule und spricht damit aus, was alle denken.

»Ja stimmt, total«, pflichtet ihr Simon bei. »Aber ich sehe keinen, nur viel Gras.«

Vor uns wiegt sich im Wind regelrecht ein Teppich, gebildet von Abertausenden grasähnlichen Pflanzen. Als ich ein Bündel des vermeintlichen Grases pflücke, etwas davon zwischen den Fingern zerreibe und den Teilnehmenden des Frühlings-Wildkräuterspazierganges unter die Nase halte, weiten sich vierundzwanzig Augenpaare.

»Bärlauch!«, ruft jemand aus.

»Aber der sieht doch ganz anders aus!« Markus ist irritiert.

Bärlauch hat seinen Verbreitungsschwerpunkt in Mittel- und Süddeutschland, im Raum Berlin gibt es nur relativ wenige Bestände. Dafür machen die Berliner mal wieder ihr ganz eigenes Ding: Dort (und mittlerweile auch in der Nähe anderer Großstädte) findet man nämlich die Berliner Lauch oder Wunder-Lauch genannte Schwesterart. Dieser kommt im Gegensatz zum heimischen Bärlauch aus dem Kaukasus und wurde Mitte des 19. Jahrhunderts im Berliner Botanischen Garten angebaut, von wo aus er sich wahrscheinlich mithilfe des Menschen noch weiter verbreitete. Über die Namensherkunft kursieren die wildesten Theorien. So sollen Bären sich am Bärlauch nach dem Winterschlaf laben, und schon die Germanen sahen offenbar die wertvollen Inhaltsstoffe bereits als »bärenstark machend« an. Vielleicht wurde er einfach nur nach dem Bären benannt. Oder der Name stammt daher, dass der Lauch in nördlichen Gefilden wächst, also unter dem Sternbild des Großen Bären (Großer Wagen, Polarstern). Genauso wenig weiß man, wie der Wunder-Lauch seine Bezeichnung erhielt. Denn die merkwürdig aussehenden Brutzwiebeln innerhalb der Blütenstände können kaum namensgebend sein, schließlich haben dies auch viele andere Lauch-Arten. Diese sind übrigens perfekte Klone der Mutterpflanze, quasi winzige Baby-Klon-Lauchs. Fallen sie auf den Boden, wachsen daraus neue Individuen, die genetisch identisch sind.

Der Bärlauch gehört zu den ältesten Heil- und Gewürzpflanzen Europas, die Germanen, Kelten und Römer kannten und nutzten ihn als magen- und blutreinigendes Mittel (»*Herba salutaris*« = heilsames Kraut). Im Mittelalter galt er zudem als Unheil abwendend, heutzutage wendet man sich höchstens aufgrund des entstehenden Mundgeruchs ab. Dafür sind unter anderem Schwefelverbindungen verantwortlich, die in Form sogenannter Lauchöle vorhanden sind. Erwiesenermaßen helfen sie bei Bluthochdruck und beugen Erkältungskrankheiten vor. Was die cholesterinsenkende Wirkung und die Verminderung des Krebsrisikos betrifft, sind die Studien nicht eindeutig.

Neben den Lauchölen enthält der Bärlauch Flavonoide und nicht zu knapp Vitamin C – im Vorfrühling genau zur richtigen Zeit! Die Wirksamkeit des Bärlauchs geht verloren, wenn man ihn trocknet, deshalb sollte man ihn am bes-

Abb. 83 und Abb. 84: Genau hinsehen: links der giftige Sibirische Blaustern, rechts der leckere Berliner Lauch.

Abb. 85: Ist für die häufigsten Wildpflanzenvergiftungen verantwortlich: das Maiglöckchen.

ten frisch oder in Form von Pesto verwenden. Bärlauch steht bevorzugt in schattigen, leicht feuchten Wäldern, ist aber in vielen Regionen geschützt.

Verwechslungsmöglichkeiten

Die meisten Vergiftungen, die im Zusammenhang mit Wildkräutern stehen, sind auf die Ähnlichkeit von Bärlauch und Maiglöckchen (vor der Blüte) zurückzuführen. Das liegt unter anderem daran, dass Bärlauch- und Maiglöckchen-Bestände ineinander übergehen können. Aus diesem Grund sollte man sich unbedingt mit den jeweiligen Merkmalen vertraut machen. Beim Maiglöckchen sind vor allem die Beeren und die Blüten giftig, Vergiftungen durch Blätter laufen eher recht glimpflich ab. Anders sieht es bei den Herbstzeitlosen aus, die auch mit dem Bärlauch verwechselt werden: Hier können wenige Blätter den Tod bedeuten. Andere giftige Doppelgänger sind die Blausterne, wobei der Sibirische Blaustern (*Scilla siberica*) die bei uns häufigste Art ist, und das Schneeglöckchen (*Galanthus nivalis*), die ohne Blüte leicht für den Berliner Lauch gehalten werden können. Als Anfänger unbedingt ein Bestimmungsbuch mitnehmen, möchte man Bärlauch oder Berliner Lauch sammeln! Wer sich ganz sicher sein möchte, wartet, bis die Blüten erscheinen. Geruchstests sind hier eine sehr schlechte Idee (siehe S. 99). Viel besser ist es, sich die sichtbaren Unterscheidungsmerkmale vor Augen zu führen (siehe unten stehende Tabelle).

Kulinarisches rund um Bärlauch und Berliner Lauch

Bärlauch und Wunder-Lauch haben beide einen knoblauchartigen Geschmack. Ich persönlich favorisiere den milderen Berliner Lauch, da mir der Bärlauch meist zu intensiv ist. Es lassen sich nicht nur die Blätter beider Arten hervorragend zu einem feinen Pesto zubereiten, auch schmecken die Zwiebelchen sehr lecker zu Nudeln und Butter.

Bärlauch	Berliner Lauch	Maiglöckchen (☠)
Wächst: März–Juni	Wächst: März–Juni	Wächst: März–Oktober
Blattunterseite matt	Blattspitze glatt, grasgrüne Blattfarbe	Blattunterseite glänzend
Viele einzelne Blätter mit dreikantigem Blattstiel	Viele einzelne Blätter mit dreikantigem Blattstiel	Zwei bis drei Blätter, deren Stiele den Stängel scheidig an der Basis umschließen

Bärlauch-Knödel

Zutaten:

100 g	Bärlauch oder Berliner Lauch
5	alte Brötchen (oder 250 g Semmelbrösel)
1	Zwiebel
2	Eier
	etwas Butter oder Öl
150 ml	Milch
	Salz, Pfeffer

Zubereitung:

1. Klein geschnittene Brötchen oder Semmelbrösel mit Milch und Eiern mischen. Mit Salz und Pfeffer würzen.
2. Die Zwiebel fein hacken, in etwas Öl oder Butter glasig braten und zur Brötchenmischung geben.
3. Den Bärlauch waschen, fein wiegen und zur Mischung hinzugeben.
4. Einen großen Topf mit Wasser aufsetzen, salzen.
5. Aus der Brötchenmasse Knödel formen, ins kochende Wasser geben und bei geringer Hitze ca. 15 Minuten ziehen lassen, bis sie nach oben steigen.

Herbstzeitlose (☠)	Sibirischer Blaustern (☠)	Schneeglöckchen (☠)
Blüten: September-Oktober; Blätter: April–Juni	Wächst: März–Juni	Wächst: Januar–Juni
Blattunterseite glänzend	Blattspitze wie ein Schiffskiel, etwas eingerollt	Bläulich-grüne Blätter
Mehrere Blätter, deren Stiele den Stängel scheidig an der Basis umschließen	Mehrere Blätter, deren Stiele den Stängel scheidig an der Basis umschließen	Zwei bis drei Blätter, deren Stiele den Stängel scheidig an der Basis umschließen

Echte Brunnenkresse und Schaumkräuter

Abb. 86: Ein kulinarisches Highlight: die Echte Brunnenkresse (*Nasturtium officinale*).

»Darf ich dich mal was fragen?« Helen ist etwa in meinem Alter und hatte sich in den letzten drei Stunden eher im Hintergrund gehalten. Wir stehen auf dem Vorplatz der S-Bahn-Station, auf dem ich die Teilnehmer der Wildkräuterwanderung soeben verabschiedet habe.

»Ja, natürlich«, sage ich und schaue auf das Handydisplay, das sie mir entgegenhält.

»Das wächst bei uns an einem kleinen Bach im Wald. Meine Nachbarin sagt ganz selbstbewusst, das sei Brunnenkresse, sie sammle sie schon seit vielen Jahren. Aber hat

Brunnenkresse nicht gelbe Staubblätter? Hier sehen die so violett aus.« Fragend schaut mich Helen an.

»Wow, toll! Gut erkannt! Du hast schon einen geübten botanischen Blick. Das ist tatsächlich keine Brunnenkresse, sondern ein Schaumkraut.«

Die Brunnenkresse macht es einem aber auch nicht besonders leicht: Diverse Schaumkräuter sehen ihr zum Verwechseln ähnlich – das Bittere Schaumkraut (*Cardamine amara*) zum Beispiel wächst sogar an denselben Standorten. Das Gute hierbei ist, dass eine Verwechslung keine negativen Folgen hat, denn die Schaumkräuter sind ebenfalls essbar und haben zum Teil sehr ähnliche Inhaltsstoffe.

Die Echte Brunnenkresse sowie das viel häufigere Bittere Schaumkraut findet man an und in Quellen und an langsam fließenden Waldbächen. Auch wenn das Brunnenkraut schon mal in einem flachen Brunnen vorkommen kann, ist es nicht auf diesen seltenen Lebensraum beschränkt – »Brunne« ist Mittelhochdeutsch und bedeutet »Quelle« oder »fließendes Wasser«. Bei »Kresse« sind sich die Etymologen uneinig. Es könnte zum einen von *crescere* (lateinisch »wachsen«) abstammen, da die Brunnenkresse gerade zu Beginn sehr schnellwüchsig ist. Zum anderen könnte es von *grês* (indogermanisch »knabbern«) herrühren und darauf hinweisen, dass man es unzubereitet essen kann. Und genau das kann ich nur empfehlen!

Brunnenkresse wurde schon früh angebaut, die Hochburg der Brunnenkresse war die Region Erfurt. Hier wurde sie (und wird noch immer) seit 400 Jahren im großen Stil als Küchenkraut oder für pharmazeutische Zwecke kultiviert. Napoleons Lazarettinspektor war so begeistert, dass er gleich ein paar Samen davon mitnahm. Die Franzosen liebten die Brunnenkresse sofort, und sie gilt in unserem Nachbarland noch heute als gesunde Spezialität.

Im Mittelalter war die Kresse ein Universalheilmittel. Am Gründonnerstag gegessen, schützte sie das ganze Jahr über vor Fieber. Sie wurde als »blutreinigend für Lungenkranke und Auszehrende«, als schleimlösend, wundheilend und stoffwechselanregend beschrieben. Außerdem kann sie aufgrund ihrer harntreibenden Wirkung als Frühjahrskur angewendet werden.

Bei ihren hohen Mengen an Kalium, Jod und den Vitaminen A, C und D kann man hier von einem sehr gesunden Wildkraut sprechen, auch wenn ich von im Internet oft vergebenen Aussagen wie »Brunnenkresse – das gesündeste Lebensmittel der Welt« nicht viel halte. So kann das Kraut bei einer Überdosierung (Senfölglycoside) zu einer Reizung der Nieren und der Magenschleimhaut führen Schwangere und Kleinkinder sollten eher kleinere Mengen zu sich nehmen.

Verwechslungsmöglichkeiten

Erkennen kann man die Brunnenkresse – wie von Helen beschrieben – an den gelben Staubblättern und dem hohlen Stängel. Beim Bitteren Schaumkraut ist dieser markig und die Staubbeutel sind violett. Die Schaumkräuter sind aber ebenfalls essbar, von daher ist eine Verwechslung unproblematisch. Aufgrund möglicherweise anhaftender Leberegeleier (siehe S. 89) empfehle ich dringend, nicht auf Weiden zu sammeln, auf denen Wiederkäuer stehen.

Kulinarisches rund um Brunnenkresse und Schaumkräuter

Die Echte Brunnenkresse sowie viele Schaumkräuter schmecken leicht bis sehr scharf. Manchmal gesellt sich ein etwas seifiger Geschmack dazu. Blätter, Blüten und Knospen sind köstlich im Quark, in einem Dip oder auf Brot. Ich habe im *Jahrbuch des Deutschen Gebirgsvereines für das Jescheken- und Isergebirge* von 1908 ein uraltes, etwas merkwürdig klingendes Rezept aus Nordböhmen gefunden, das traditionell in der Osterwoche gegessen wurde. Ich habe es getestet: sehr interessant, unbedingt mal ausprobieren! Dazu wird fein gehackte Brunnenkresse (oder Schaumkraut) in Pflaumenmus gerührt und dick aufs Brot geschmiert.

Veilchen

Abb. 87: Veilchenblüten sind eine ansehnliche, essbare Dekoration.

»Da! Ein Veilchen!«, ruft die zehnjährige Klara aufgeregt. Dann senkt sie die Augenbrauen und ihre Stimme wird ganz leise. »Aber die sind bestimmt giftig, oder?«

Verwundert bleibe ich stehen. »Wie kommst du darauf?«, frage ich neugierig.

»Na ja«, sagt sie etwas verlegen, »irgendwie waren bis jetzt alle schönen Blumen, die du uns gezeigt hast, giftig!«

Ich muss lachen und auch die anderen Teilnehmer der Frühlings-Kräuterwanderung müssen schmunzeln. Es stimmt, denn an diesem Tag sind die auffällig schönen Blütenpflanzen wie Schneeglöckchen, Frühlings-Krokus, Leberblümchen, Buschwindröschen und Märzenbecher zugleich die giftigen Arten.

Über den Zusammenhang von auffälliger Schönheit und Giftigkeit hatte ich mir bis dato allerhöchstens auf menschlicher Ebene Gedanken gemacht. Abgesehen davon, dass »Schönheit« eine sehr subjektive Wertung darstellt, trifft es auf die Veilchen nicht zu, denn sie sind schön und essbar zugleich.

Die Familie der Veilchengewächse (*Violaceae*), zu denen die Stiefmütterchen zählen, umfasst in Deutschland an die siebenundzwanzig Arten. Der Namensursprung ist rätselhaft, der Ursprung liegt eventuell in einer ausgestorbenen Mittelmeersprache über griechisch *vion*, über lateinisch *viola* bis hin zum Frühneuhochdeutschen *veile*. Die Verkleinerungsform Veilchen ist ab dem 16. Jahrhundert belegt.

Interessant ist ebenso der Name des Stiefmütterchens: Der Legende nach sollen die hinteren beiden, unauffälligen Kronblätter die »unbeachteten« Stieftöchter, die vorderen und bunteren die leiblichen Töchter darstellen. Vorne, ganz pompös, hockt die mächtige Mutter. Sprachwissenschaftler bezeichnen dies als »Volksdeutung« und sind sich relativ sicher, dass der Name damit zu tun hat, dass die Blüte wie ein böse dreinblickendes Gesicht aussieht. Auch nicht gerade nett. Und wer weiß, wer früher dahingehend gegenüber der Schwiegermutter einen frechen Spruch brachte, erhielt vielleicht ein blaues »Veilchen«.

In der Antike galten die auffälligen Veilchengewächse als probates Mittel »zur Austreibung der toten Geburt«, als Magen- und als Anti-Kater-Mittel. Tyrsfiola wurden sie in der nordischen Mythologie genannt und waren damit Tyr, dem Gott des Kampfes und Sieges, geweiht – auf Island heißt das Veilchen noch heute Tyrsfiola. Später galt es als die blumifizierte Träne von Adam, und Hildegard von Bingen empfahl es bei Depressionen. Angeblich soll Kaiserin Sissi kandierte Veilchenblüten geliebt haben, und Johann Wolfgang von Goethe, botanisch sehr versiert, war wohl ein großer Fan von diesen zarten Schönheiten.

Wie bei anderen auffälligen Frühblühern standen viele Frühlingsbräuche mit ihr in Verbindung. Der Frühlingsherold war derjenige, der die erste blühende Pflanze Veilchen in das Dorf trug, woraufhin ihm besondere Ehren zuteilwurden.

Der Veilchenduft hat schon immer betört, und Veilchenöl galt als Kostbarkeit. Später wurde die viel ertragreichere, ebenfalls duftende Deutsche Schwertlilie (*Iris germanica*) für die Parfumherstellung genutzt, man sprach dann aber weiterhin von »Veilchenwurzel«. Heute wird der Duft chemisch hergestellt. So gut die Veilchen auch riechen mögen – manchmal muss man sich bei ihr schlichtweg übergeben. Und zwar dann, wenn man die Wurzel aufbereitet, sie gilt seit jeher als Brechmittel.

Die Veilchen-Arten haben interessante Verbreitungsstrategien – zuerst werden die Samen durch Spannungen während der Austrocknung der Kapsel einige Meter weit geschleudert, bevor sie (wieder einmal) von Ameisen umhergeschleppt werden. Um die Attraktivität für Bestäuber zu erhöhen, machen sich die Veilchen besonders schick: Neben dem Sporn, in dem der leckere Nektar gelagert wird, stellen die Blüten – gleich einer Leuchtreklame – sogenannte Saftmale zur Schau. Das sind Bereiche der Blütenblätter, die das UV-Licht nicht reflektieren. Und da viele Bestäuber wie Wildbienen UV-Licht sehen können, ergeben sich für sie interessante Markierungen, die für unsere Augen unsichtbar sind. Die Bestäuber erhalten dadurch sogar Informationen, wie viel Nektar die Blüte produziert.

Verwechslungsmöglichkeiten

Alle heimischen Veilchen-Arten gelten als ungiftig und können bedenkenlos gegessen werden. Bei einigen Arten kann es bei übermäßigem Verzehr der Wurzeln jedoch zu Übelkeit und Erbrechen kommen. Auf den Schutzstatus der jeweiligen Art achten!

Kulinarisches rund um die Veilchen

Veilchenblüten sind eine schöne, essbare Dekoration; die Blätter sind ebenfalls verzehrbar, schmecken aber nicht besonders interessant. Wer einmal wie Sissi naschen möchte:

Kandierte Veilchenblüten

Zutaten:

150 g Zucker
25 Veilchenblüten

Zubereitung:

1. Zucker in hundert Milliliter kochendem Wasser auflösen. Vorsichtig die Veilchenblüten hineingeben, sodass sie vollkommen von der Zuckerlösung bedeckt sind.
2. Am nächsten Morgen die Blüten vorsichtig abseihen, auf Backpapier auslegen und an einen schattigen Ort stellen, bis sie durchgetrocknet sind.

Scharbockskraut

Abb. 88: Das Scharbockskraut kann schon sehr früh im Jahr gesammelt werden. Wichtig ist, die Zeit vor der Blüte abzupassen.

Wir stehen in einem kleinen Berliner Park und haben ein Meer aus gelben, etwas speckig glänzenden Blüten vor uns.

»Scharbockskraut!«, erkennt Astrid sofort.

»Genau«, sage ich. »Weiß jemand von euch den anderen Namen dieses Hahnenfußgewächses?« Alle schütteln den Kopf. »Es wird auch Feigwurz genannt, und ihr fragt euch jetzt sicherlich, wieso. Die Antwort liegt unter der Erde!« Ich grabe vorsichtig eine Pflanze aus und zeige sie allen. Kleine Knöllchen sind an den Wurzeln auszumachen. »Ich habe euch ja von der Signaturenlehre aus dem Mittelalter erzählt. Und da diese stärkespeichernden Wurzelknollen aussehen wie Feigwarzen, hat man den Saft der Pflanze dagegen angewendet.«

Einige verziehen das Gesicht.

»Okay, klingt Himmelsgerste besser? So wurde das Kraut früher in Österreich genannt.«

Die meisten der Umstehenden nicken.

Die Familie der Hahnenfüße ist in Deutschland mit rund neunzig Arten vertreten. Dazu gehören die in einigen Regionen als »Butterblume« bezeichneten Hahnenfuß-Arten, das Leberblümchen, die Buschwindröschen und viele mehr. Allen gemein ist, dass sie das toxische und stark hautreizende Protoanemonin enthalten. Das Scharbockskraut selbst weist bis zur Blüte nur sehr wenig davon auf, nach der Blüte nimmt die Konzentration jedoch zu. Es kann aber auch während und nach der Blüte verwendet werden – der Giftstoff wird beim Trocknen in eine ungiftige Verbindung umgewandelt, sodass selbst Hahnenfüße im Heu für Tiere kein Problem darstellen.

Im 1678 erschienenen *Neu vollkommenen Kräuter-Buch* berichtet Jacobus Theodorus Tabernaemontanus von der Wirkung gegen den »Scharbock« – und daher hat das Kraut auch seinen Namen. Er stammt ab vom Niederdeutschen *scharbûk*, das sich wiederum aus dem lateinischen *scorbutus* ableitet. Skorbut? War das nicht diese gefährliche Seefahrerkrankheit inklusive Zahnausfall? Richtig, und um dieser unschönen Vitamin-C-Mangelkrankheit zu entgehen, wurde unter anderem Scharbockskraut getrocknet und mitgenommen. Denn von Vitamin C hat es eine Menge zu bieten. Aus diesem Grund war es seit jeher eine beliebte Beigabe zu Frühlingssalaten nach einem langen Winter ohne frisches Grün. Die stärkereichen Wurzelknöllchen kann man roh knabbern, sie schmecken jedoch leicht bitter und sollten während und nach der Blüte aufgeschnitten und getrocknet werden.

Der »Fettglanz«, der bei fast allen Hahnenfüßen zu finden ist, wird von den Nektarblättern verursacht – sie produzieren Nektar und haben durch ihren Glanz eine große Wirkung auf Bestäuber, zeigen sie ihnen doch: »Fliegt her, hier gibt es eine Menge zu holen!«

Obwohl die attraktiven Blüten gerne von Insekten besucht werden, kommt es nur selten zu einer Befruchtung mit Samenbildung.

Verwechslungsmöglichkeiten

Blattform und die feigwarzenähnlichen Speicherknöllchen sind unter den Hahnenfußgewächsen eine Besonderheit. Achtet man auf diese, kann man das Scharbockskraut kaum mit den giftigen Arten wie Winterling (*Eranthis hyema-*

Abb. 89: Die giftige Sumpfdotterblume (*Caltha palustris*) hat keine Speicherknöllchen.

Abb. 90: Das Scharbockskraut mit Speicherknöllchen.

lis), dem Gelben Windröschen (*Anemone ranunculoides*) oder anderen giftigen Hahnenfüßen verwechseln.

Die Blätter ähneln entfernt dem Gundermann (siehe S. 257), der ohne Blüte am Anfang oft für Scharbockskraut gehalten wird und umgekehrt.

Kulinarisches rund um das Scharbockskraut

Scharbockskraut ist das einzige Hahnenfußgewächs bei uns, das für die Küche interessant ist. Das giftige Protoanemonin entsteht erst während der Blüte in erwähnenswerter Konzentration, weshalb man die Blätter besser vorher verwendet. Die Brutknöllchen schneidet man am besten auf und trocknet sie, dann entweicht der Giftstoff.

Scharbockskraut ist reich an Vitamin C und kann den Frühlingssalat oder einen Frischkäse aufpeppen.

Graukresse

Abb. 91: Der leicht scharfe Geschmack der Graukresse (*Berteroa incana*) erinnert sehr an Gartenkresse.

»Nehmt euch ruhig mal ein Schötchen in den Mund und probiert es. Wonach schmeckt es für euch?«

Alle kauen und überlegen.

»Radieschen?«

»Rettich?«

Dann gibt Marion das Stichwort: »Ich finde, es schmeckt nach Kresse.«

Ja, na klar, die Zustimmung ist groß.

Tatsächlich ist die Graukresse, die ihren Namen von der grau-grünlichen Farbe hat, ein gutes Küchen-Wildkraut. In den Feedback-Runden nach den Wildkräuterspaziergängen wird diese zunächst unauffällige Pflanze nicht selten als Lieblings-Neuentdeckung genannt.

Die Graukresse ist ein aus Osteuropa und Westasien

stammender Neophyt und ist wohl seit dem 18. Jahrhundert bei uns, wobei sie in Teilen Bayerns bereits seit dem Mittelalter beheimatet sein soll.

Wegen ihrer Behaarung kommt dieses Kreuzblütengewächs gut mit andauernder Trockenheit klar, an Straßen- und Wegrändern, auf Brachäckern, an Autobahnböschungen und Bahnanlagen fühlt sie sich pudelwohl. Die luftgefüllten Haare reflektieren Licht, so kann die Temperatur auf und im Blatt reduziert werden. Diese Trockenheitstoleranz führt dazu, dass sie selbst im Sandkasten Berlin/Brandenburg sehr häufig wächst. Und nicht nur dort – auch hat sie fast ganz Nordamerika besiedelt, nicht ohne den Ärger und die Wut vieler Pferdebesitzer auf sich zu ziehen.

So lecker die Graukresse für uns ist, für Pferde können größere Mengen tödlich sein. Bei Pferden, die mehrere Tage lang Heu mit 30 Prozent Graukresse gefressen haben, konnten eine erhöhte innere Körpertemperatur, Ödeme in den Gliedmaßen und entzündete Hufe beobachtet werden. Normalerweise meiden Pferde die Pflanze auf der Koppel, im Heu jedoch verliert sie die Schärfe und wird mitgefuttert.

Bislang ist nicht bekannt, dass die Pflanze für uns schädlich sein könnte. Die platten, rundlichen Schötchen können von Ende Juni bis in den November hinein gesammelt werden, die Blüten bereits ab Mai. Zum Teil wurde und wird Graukresse angebaut, um Speise- und technisches Öl zu gewinnen.

Verwechslungsmöglichkeiten

Die Graukresse kann man durch die charakteristischen Blüten, dendie runden Schötchen und die Trockenresistenz nicht wirklich mit anderen Arten verwechseln. Anfänger halten sie manchmal für die Schafgarbe. Diese Heilpflanze hat jedoch einen größeren Blütenstand, keine runden Schötchen und sehr fein gegliederte, augenbrauenähnliche Laubblätter.

Abb. 92 und Abb. 93: Eigentlich nicht zum Verwechseln: links eine Graukresse, rechts die Echte Schafgarbe.

Kulinarisches rund um die Graukresse

Besonders die runden Graukresseschötchen schmecken leicht scharf und angenehm kresseartig. Doch auch die etwas milderen Blüten lassen sich verwenden. Am besten hackt man die Schötchen, sodass die vielen kleinen Samen zum Vorschein kommen. Ideal sind sie in einem Dip, in der Kräuterbutter oder auf dem Butterbrot. Man kann sie zudem ähnlich wie Kresse auf der Fensterbank ziehen.

Gebackener Weißkäse oder Tofu mit Graukresse

Zutaten:

500 g	Schafskäse/Tofu
	Paniermehl
3	Eier
100 g	Graukressesamen
	Öl zum Braten
	Pfeffer

Zubereitung:

1. Eier verquirlen, pfeffern und den Schafskäse damit einreiben.
2. Käse in der Panade wälzen.
3. Käse in reichlich Bratöl anbraten.
4. Graukresseschötchen mörsern.
5. Käse/Tofu vorsichtig wenden, aus der Pfanne holen und mit der Graukresse bestreuen.

Gewöhnliches Rapünzchen

Abb. 94: Wer hätte das gedacht? Wilder Feldsalat am Wegesrand.

Wir stehen an einem Feldweg, und ich lasse meinen Blick über die nahe Böschung wandern. »Ach, schaut mal: Feldsalat!« Die Gruppe schaut mich ungläubig an.

»Hier? Aber auf dem Feld gegenüber wird kein Gemüse – und schon gar kein Feldsalat – angebaut, das sieht eher wie Grünland aus. Wo kommt der denn her? Hat den hier jemand verloren?«, fragt Rosi ungläubig.

Je nach Zählweise sind bei uns sechs verschiedene Arten der Gattung Valerianella zu finden, wobei das Gewöhnliche Rapünzchen (*Valerianella locusta*), auch Gewöhnlicher Feldsalat genannt, am weitesten verbreitet ist. Und damit meine ich nicht auf den baden-württembergischen Äckern, auf denen die Kulturform sehr häufig angebaut wird, sondern eine natürlich vorkommende Wildform, aus der man den großblättrigen Feldsalat gezüchtet hat. Wer nun glaubt, nie mehr Feldsalat auf dem Markt besorgen zu müssen, wird beim Anblick der winzigen Blättchen schnell enttäuscht. Und wer sich bereits mit den wissenschaftlichen Pflanzennamen etwas auskennt, wird vielleicht eine Verbindung zu einer Pflanze herstellen, die man mit dem Feldsalat im ersten Moment nicht zusammenbringen würde: Baldrian. Auf den zweiten Blick fällt aber auf: Tatsächlich, die Blüten sehen sich sehr ähnlich! Feldsalat gehört ebenso wie die Baldrian-Arten zu den Geißblattgewächsen; er ist nicht mit Kopfsalat und Co. verwandt, die zu den Korbblütlern zählen. Die Verwandtschaft alleine bedeutet aber noch lange nicht, dass beim Verzehr eine vergleichbare Wirkung erzielt wird: Man braucht keine Angst zu haben, über einem Teller mit Feldsalat einzuschlafen. Im Gegenteil: Der hohe Gehalt an Vitamin C und Mineralien kann Müdigkeit vorbeugen. Botaniker haben manchmal einen ganz eigenen Humor: Der Name *Valerianella* stammt vom lateinischen Wort *valens* für »kräftig« ab, und die Endung »-ella« ist ein Diminutiv, also eine Verniedlichung. Der Botaniker verhält sich hier wie ein Mensch, der die winzigen Ärmchen seines Babys zwischen den Fingern hält und sagt: »Dutsidutsi, oh was für starke Ärmchen.«

Ob die holde Dame im hohen Turm mit dem üppigen Haarwuchs übrigens wegen ihrer Schwäche für den Feldsalat ihren Namen erhielt oder ob damit nicht eine Glockenblumenart (»Rapunzel-Glockenblume«) gemeint ist, die schon vor dem Feldsalat angebaut wurde, überlasse ich zankenden Historikern und Etymologen.

Das Rapünzchen wächst auf Äckern und Brachfeldern,

jedoch ebenso an Wegrändern und Böschungen. Es kommt sowohl mit leicht feucht-lehmigen Böden als auch mit trockenen Sandböden zurecht.

Verwechslungsmöglichkeiten

Das Gewöhnliche Rapünzchen kann man mit anderen Valerianella-Arten wie dem Gezähnten Rapünzchen (*Valerianella dentata*) vertauschen. Das ist aber kein Problem, da ebenfalls essbar.

Kulinarisches rund um den Wilden Feldsalat

Je nach Standort findet man Wildbestände mit relativ großen Blättern, hier lohnt sich das Sammeln, um ihn später einem frischen und schmackhaften Wildsalat beizufügen. Bei Individuen mit kleinen Blättern kann man die gesamte Pflanze im Frühling verwenden, später werden die Stängel etwas hart, da sollte man die winzigen Blättchen abzupfen.

Scharfer Mauerpfeffer

Abb. 95: Die angeblichen Blitzableiter haben eine etwas unangenehme Schärfe.

Ich stecke mir ein Stück einer kleinen Pflanze mit fleischigen Blättern in den Mund und kaue. Kurz nachdem ich zu reden beginne, breitet sich ein scharfer Geschmack im Rachenbereich aus.

»Der Scharfe Mauerpfeffer macht seinem Namen alle Ehre«, sage ich und hole tief Luft, sodass alle aus der Gruppe lachen. »Verantwortlich dafür sind unter anderem die scharf schmeckenden Alkaloide, die aber leicht giftig sind. Man kann ruhig ein Stück vom Mauerpfeffer probieren, ich würde ihn nur nicht täglich essen.«

Der deutsche Name erschließt sich einem schnell, wenn man ihn an Trockenhängen und in Mauerritzen sammelt und ein Blättchen probiert. Was den wissenschaftlichen Namen angeht, ist man sich in der Etymologie mehr als uneinig. »Sedum« könnte vom Lateinischen *sedere* hergeleitet worden sein, was »sitzen« bedeutet, vielleicht, weil er so dicht an der Erdoberfläche wächst. Möglich ist aber auch ein anderes Wort aus dem Lateinischen: *sedare,* was mit »stillen« übersetzt werden kann, dann jedenfalls, wenn der Mauerpfeffer damals als wundstillendes Mittel verwendet wurde. *Sedare* meint aber weiterhin »abhalten«, was zumindest zur Mauerpfeffer-Verwendung der Germanen als »Donnerkraut« gut passen würde. So glaubten sie nämlich, dass Sedum-Arten, die in Tirol Donnerbart und in der Schweiz Donnerbohne genannt werden, vor den Blitzen des Gottes Thor schützen. Deshalb diente das Kraut oft als Dachbegrünung, wo es auch heute noch manchmal zu finden ist. Doch scheint dieser Glaube kulturübergreifend existiert zu haben, denn die Römer verwendeten die Sedum-Arten ähnlich. Dieser Glaube hielt sich lange, im Mittelalter musste er unbedingt am Johannistag geerntet werden, am besten zwischen elf und zwölf Uhr, damit die Pflanze ihre Wirkung entfalten konnte. In der Toskana gab man den Kindern Mauerpfeffer als Presssaft zum Schutz vor dämonischen Anfällen, Zahnschmerzen und Hirnhautentzündung, woanders half er wieder gegen rote Augen, Lähmungen, weibliche Unfruchtbarkeit und männliche Impotenz.

Sedum-Arten haben ebenso den witzig klingenden Namen »Tripmadam«, dessen Wortherkunft womöglich weniger lustig ist. Es könnte sein, dass man ihn zu französisch *trique* = »Eingeweide« stellen könnte. Toller Name: Frauengedärm. Dann doch lieber »Fetthenne«, wie die Arten aufgrund ihrer fleischigen Blätter vielfach heißen. Diese sind eine Anpassung an trockene Standorte und dienen als Wasserspeicher. Genauso spannend: Um tagsüber nicht zu viel Wasser über die Spaltöffnungen zu verlieren, bleiben diese bis zum Abend einfach zu. Das nachts aufgenommene Kohlendioxid (CO_2) wird in Form von Apfelsäure gespeichert und steht tagsüber der Fotosynthese zu Verfügung. Genial.

Mauerpfeffer enthält neben Gerbstoffen und Gummi mehrere leicht giftige Alkaloide (unter anderem Piperidinalkaloide wie Sedin), die für den scharfen Geschmack verantwortlich sind. Im Selbstversuch mit einer Handvoll Blätter merkte ich zunächst nichts. Erst nach ungefähr einer Minute entfaltete sich ein sehr scharfer Geschmack im hinteren Rachenbereich, der in ein leichtes Halskratzen überging. Eine interessante Schärfe, etwas Vergleichbares hatte ich bis dato noch nicht probiert, dennoch ziehe ich die Schärfe von Chili oder Meerrettich vor. Bei einer extrem hohen Dosis kommt es wohl zu Reizungen der Schleimhäute, Erbrechen, Krämpfen, Lähmungen und Atemstillstand, man sollte es damit also nicht übertreiben.

In der Naturheilkunde gilt die Pflanze als durchblutungsfördernd, adstringierend, wurmbekämpfend und abführend, weiterhin wird sie bei Hämorrhoiden verwendet. Bis jetzt gibt es keine Studien zur Wirksamkeit der Sedum-Arten, lediglich eine blutdrucksenkende Wirkung ist bekannt.

Verwechslungsmöglichkeiten

Wenn es einen Scharfen Mauerpfeffer gibt, ist ein milder nicht weit: Der Milde Mauerpfeffer (*Sedum sexangulare*) ist so gut wie unerforscht, man weiß kaum etwas über dessen Inhaltsstoffe. Ansonsten ist der Mauerpfeffer durch seine sonderbaren Blätter unverwechselbar.

Kulinarisches rund um den Mauerpfeffer

Aufgrund vorhandener Alkaloide sollte man Mauerpfeffer-Arten eher sparsam verwenden. Ich persönlich finde die Schärfe des Scharfen Mauerpfeffers nicht sonderlich angenehm, da sie mit einem Kratzen im Hals einhergeht. Andere wiederum essen Mauerpfeffer sehr gerne. Man kann mit ihm Kräuterquark oder Frischkäse aufpeppen. Möchte man ihn zum Würzen verwenden, sollte er frisch sein, da die Schärfe beim Trocknen verloren geht.

Kletten-Arten

Abb. 96: Kletten (*Arctium sp.*) können riesige Laubblätter haben. Manche sind so groß, dass man sie als Regenschutz verwenden kann.

Wir stehen in Berlin im Treptower Park vor einer Pflanze mit riesigen Blättern. Es ist Anfang Mai und die Sonne bereits ungewöhnlich stark. »Ist das wilder Rhabarber?«

Conny erhält Zustimmung. »Sieht wirklich so aus, aber irgendwas ist anders«, sagt Torben.

Es wird noch eine Weile hin und her diskutiert, bis ich das Rätsel schließlich auflöse: »Mit Rhabarber hat diese Art hier nichts zu tun. Außer dass die Blätter sich momentan ein wenig ähneln. Wäre jetzt Juli, hättet ihr die Pflanze sofort erkannt, dann hättet ihr nämlich schon die Blüten oder sogar die Fruchtstände gesehen – es sind Kletten!«

Bei uns kommen vier Kletten-Arten vor, von denen die Große Klette (*Arctium lappa*) die häufigste ist. Auch wenn die Blätter der Kletten im ersten Moment denen des Rhabarbers ähneln, sind diese nicht miteinander verwandt. Kletten gehören (wie Löwenzahn-Arten oder die Sonnenblume) zu den Korbblütlern, während Rhabarber zu den Knöterichgewächsen (zum Beispiel Sauerampfer) zählt. Die kugeligen Fruchtstände, die man gerne mal an den Pullover eines anderen Menschen wirft, sind Teil eines interessanten Ausbreitungsmechanismus. Man stelle sich einen zottigen Bären vor, der die Pflanze streift – unter Umständen nimmt er gleich zwanzig Kletten mit und verteilt sie bei seinem Spaziergang, ohne es zu merken. Dabei sind es die hakig gekrümmten Enden der Hüllblätter, die sich an Pullover und Fell festkrallen. Diese Haken hat sich der Schweizer Ingenieur Georges de Mestral 1941 nach einem Spaziergang mit seinem Hund unter dem Mikroskop angesehen und im Anschluss den Klettverschluss erfunden. *Bionik at it's best!*

Der Name »Klette« ist von dem althochdeutschen Wort *chletta* abgeleitet, was so viel wie »klebrig« oder »anhaftend« bedeutet. Der wissenschaftliche Name *Arctium* kommt von griechisch *árctos* = Bär, wahrscheinlich weil die Klette an ein zottiges Bärenfell erinnert.

Aus kulinarischer Sicht sind Kletten-Arten, die man oft an Wegrändern, Zäunen, Brachen, Pionierstandorten, Ackerrändern und in Städten findet, gleich mehrfach interessant. Die Wurzeln sind durch das enthaltende Inulin ziemlich energiereich und schmecken wie Schwarzwurzeln, die ebenfalls zur selben Familie gehören. In Japan werden Kletten angebaut und deren Wurzeln als 牛蒡, Gobō, verspeist. Die Stängel der jungen Blätter schmecken leicht nach Artischocke, und zieht man ihnen die bittere Haut ab, erhält man ein leckeres Gemüse. In einem älteren Zustand sind sie etwas zu faserig und das Mark ist nicht sonderlich angenehm zu essen. Ein Tipp für den Sommer: Wer keine Alufolie verwenden möchte, kann sein Grillgut in mehrere Klettenblätter einwickeln. Diese Survival- und Bushcraft-Technik kann man im Garten anwenden und funktioniert erstaunlich gut.

Kletten wurden einst als Heilkräuter verwendet. So empfahl der antike griechische Dioskurides diese bei Lungengeschwüren – und tatsächlich gibt es eine chinesische Studie aus dem Jahr 2012, die eine gewisse tumorhemmende Wirkung nahelegt. Auch eine leicht antibiotische Wirkung scheint laut einer brasilianischen Studie vorhanden zu sein.

Im Mittelalter galten Kletten nicht nur als auswurffördernd, harntreibend und hilfreich bei Gicht und Rheuma, sondern ein Extrakt aus ihnen sollte ebenso bei Haarausfall helfen. Das beruht wahrscheinlich auf der Signaturenlehre – ein dicht behaarter, zottiger Klettenfruchtstand musste ja wohl zu einem dicht behaarten Kopf führen. Kletten hielt man zudem für einen wirksamen Schutz vor Verhexung, dazu musste man sie über das Dach werfen oder an Johanni am Tor festmachen. Kinder wurden vor Augenkrankheiten und Krämpfen geschützt, indem man ihnen Kletten um den Hals hängte. In der Naturheilkunde werden Kletten noch heute bei Harnstein, Leberkrankheiten und trockener Haut (Klettensamenöl) eingesetzt.

Verwechslungsmöglichkeiten

Vor der Blüte haben Anfänger häufig Probleme damit, die Blätter der Kletten von denen der Pestwurz-Arten zu unterscheiden. Da Letztere im Verdacht stehen, krebserregend und leberschädigend zu sein, sollte man sie auseinanderhalten können, will man sie verwenden. Auch wenn die Pestwurz eher an Gewässerufern oder auf feuchten Böden wächst und die Klette an sehr trockenen Standorten vorkommen kann: auf den folgenden Bildern erkennt man die Unterschiede ganz gut. Die Blätter der Pestwurz sind herzförmig, rundlich und leicht tütenartig gefaltet, der Rand ganz fein gezähnt. Die Blätter der Klette sind etwas länglicher, leicht gewellt und – wenn überhaupt – unregelmäßig gezähnt. Neben der Pestwurz könnte es ein Double-Problem bei den Blättern vor der Blüte mit den Königs- und Nacht-

Abb. 97: Pestwurzblätter haben einen fein gezähnten Blattrand.

Abb. 98: Die Blätter der Klette können riesig werden, ich habe schon Exemplare gefunden, die einen Meter hoch waren.

kerzen geben (siehe S. 202) sowie mit den giftigen Fingerhüten. Wer sich unsicher ist, wartet, bis die typischen Blüten- oder Fruchtstände (»Kletten«) auftauchen, denn diese haben nur die allesamt verwendbaren Kletten-Arten.

Kulinarisches rund um Kletten

Die Blätter der Kletten eignen sich sehr gut als Alufolienersatz beim Grillen, wobei der leicht bittere Geschmack etwas ins Grillgut übergeht. Hierbei sind alle Kletten-Arten verwendbar. Die Wurzeln enthalten recht viel Inulin und werden nicht von jedem gut vertragen, es kann zu Blähungen und Völlegefühl kommen. Auch verholzen sie recht schnell, weshalb man sie eher im Frühling verwenden sollte.

Gemeiner Beifuß

Abb. 99: Der Beifuß ist ein altes Gewürzkraut, traditionell wurde damit Gänsebraten gespickt.

Ich zeige auf den oberen Abschnitt einer mannshohen Pflanze mit unscheinbaren kugeligen Blüten und sage: »Vor einiger Zeit war ich in einem Supermarkt einer Brandenburger Kleinstadt und fand in der Obst- und Gemüseabteilung ein paar frische Kräuter. Unter anderem diese Gewürzpflanze. Da wurde dann so ein kleiner Abschnitt, eingeschweißt und etikettiert, für knapp drei Euro verkauft. Was wahrscheinlich nur ein Bruchteil der anderen Kunden realisierte – die Grünstreifen auf dem Parkplatz waren voll davon und auch in der näheren Umgebung des Markts hätte man sie kiloweise sammeln können … Kennt jemand den Namen dieser Pflanze?«

Der Gemeine Beifuß schien einst ein wichtiges Wildkraut gewesen zu sein, bereits in der Antike galt die Artemisia als

Heilpflanze der Frauen und war Teil eines alten Kults um Artemis, der griechischen Göttin des Mondes, der Jagd und des Waldes, der Geburt und der Hüterin der Kinder und Frauen. Die Wortherkunft von Beifuß ist nicht ganz klar, könnte aber von dem germanischen Wort *baut*, was »stoßen« bedeutet, hergeleitet worden sein. Als Gewürz verwendet, wurde es ja bei dessen Verarbeitung (im Mörser) gestoßen. Einige Kritiker dieser Theorie sind der Meinung, dass es vielmehr als Schutzkraut benutzt wurde, um etwas »abzustoßen«, da das Kraut seit jeher als Schutzkraut vor Müdigkeit bei langen Märschen eingesetzt wurde. Zu diesem Zweck band man es sich sogar ans Bein (Beifuß), um schneller voranzukommen.

Doch nicht nur blitzschnell sollte es machen, sondern stark und das »Geschlechtsvermögen« von Mann und Frau erhöhen. So soll der Name Mugwurz auf diese Verwendung hinweisen – andere sehen eher eine Verbindung zum Schwedischen *mygg* (»Mücke«). Denn gegen lästige Fliegen sollte das Kraut auch noch helfen, quasi als altertümlicher Fliegenfänger. Einfach ein Bündel »Flêgenkrut« in eine Ecke des Raumes hängen, warten, bis sich einige der Plagegeister davon angezogen fühlen und sich auf ihm niederlassen. Dann – zack – einen Sack darüberstülpen und die Fliegen totschlagen. Also, entweder sind die Fliegen heute schneller als damals, oder die Menschen waren es. Ich jedenfalls kann mir kaum vorstellen, dass das ohne Leim funktionierte. Der alte Name »Gänsekraut« weist auf die Verwendung als Gänsebraten-Gewürz hin. Das ist durchaus auch sinnvoll, da die enthaltenden Bitterstoffe bei der Verdauung fettiger Speisen helfen können.

Noch ein besonders schöner Aberglaube: Schaut man

Kommission E
Diese wissenschaftliche Sachverständigenkommission für pflanzliche Arzneimittel des Bundesinstituts für Arzneimittel und Medizinprodukte (BfArM) berät das Institut, das über die Zulassung von traditionellen Arzneimitteln entscheidet, und erstellt sogenannte Monografien, Abhandlungen über die (Heil-) Wirkung einzelner Pflanzenarten und Präparate.

um Punkt zwölf Uhr am Johannistag unter eine Beifuß-Pflanze, so findet man darunter glühende Kohle. Sobald diese abgekühlt, hilft sie gegen alle möglichen Krankheiten. Die Zauberkraft dieser Pflanze wurde generell vielfach mit dem Johannistag und der Sonnenwende in Verbindung gebracht, wodurch sich der Name »Sonnenwendgürtel« erklärt.

Bei der Verwendung als Heilkraut scheiden sich die Geister. Die Naturheilkunde schwört auf die Wirkung bei Epilepsie und Gelbsucht, ordnet den Beifuß als magenstärkend ein. Die Schulmedizin ist da eher zögerlich ist – die Kommission E hat für den Beifuß eine Negativ-Monografie erstellt, da besagte Wirkung nicht nachgewiesen ist und es eine mögliche abortive Wirkung aufgrund des Gehalts an Thujon und Campher gibt (siehe S. 118).

Viele Menschen sind gegen Beifuß-Pollen allergisch – wenn auch nicht ganz so stark wie gegen jene seines eingebürgerten Verwechslungspartners, der Beifuß-Ambrosie (*Ambrosia artemisiifolia*).

Verwechslungsmöglichkeiten
Anfänger können den Beifuß mit den Gänsefüßen, den Melden, dem Wermut und der Beifuß-Ambrosie vertauschen. Die beiden zuerst genannten Arten sind hervorragende

Küchen-Wildkräuter, hier wäre ein Durcheinanderbringen nicht schlimm. Wermut sollte man aufgrund des enthaltenen Absinthin und einer relativ hohen Konzentration an Thujon nur in geringen Dosen verwenden (wenn überhaupt). Doch da Wermut extrem bitter ist, sind Vergiftungen nur sehr selten. Die Beifuß-Ambrosie ist für einige Menschen ein sehr starkes Allergen, sicherheitshalber sollte sie überhaupt nicht gesammelt werden. Die Beifuß-Ambrosie hat keine silbrig-filzige Blattunterseite.

Beifuß erkennt man an dem charakteristischen rispigen Blütenstand, den Blättern und vor allem an der grau-filzigen Blattunterseite. Letztere hat der Wermut zwar auch, doch hier sind die Blätter eher blaugrau und die Blüten viel gelber als beim Beifuß.

Abb. 100: Die Blätter der Beifuß-Ambrosie sehen denen des Gemeinen Beifußes sehr ähnlich – zumindest von oben.

Abb. 101: Ein Beifußblatt – eine Besonderheit ist die grau-filzige Blattunterseite.

Kulinarisches rund um den Beifuß

Schwangere sollten aufgrund einer möglichen abtreibenden Wirkung auf den Genuss von Beifuß verzichten (siehe S. 118).

Beifuß wird traditionell als Gänsebratengewürz verwendet. Doch er hat noch mehr zu bieten, denn er macht jedes erfrischende Sommergetränk zu einem Erlebnis:

Sommergetränk mit Beifuß

Dafür brüht man zwei bis drei obere Stängelabschnitte samt Blütenständen mit einem Liter kochendem Wasser auf und lässt sie ca. 10 Minuten darin. Danach mit Holunderblütensirup süßen. Kühl stellen.

8

Artenvielfalt erhalten – was kann ich tun?

Wer anfängt, sich mit unserer heimischen Flora und den vielen Verwendungsmöglichkeiten von Pflanzen auseinanderzusetzen, wird sich sicher irgendwann die Frage stellen, was er oder sie leisten kann, dass auch folgende Generationen von einer großen Artenvielfalt profitieren. Wir leben in einer Zeit, in der es uns an Informationsquellen nicht mangelt, ganz im Gegenteil. Möchte man sich darüber informieren, wie man einen Beitrag leisten kann, erhält man von so vielen Seiten Tipps, Empfehlungen und Vorgaben, dass man nicht selten geneigt ist, aus Überforderung einfach in seinen alten Mustern zu verbleiben. Damit das nicht geschieht, ist es hilfreich, sich nicht überrumpeln zu lassen und die Dinge zunächst »im Kleinen« anzugehen. In größere Verhaltensänderungen muss man erst hineinwachsen, zu große Erwartungen passen meist nicht zur Lebensrealität von uns Menschen. Ein schlagartiger und umfassender Wandel ist vielleicht auch gar nicht gewünscht. Dennoch: Einem Engagement in Richtung Artenvielfalt sind nach oben hin keine Grenzen gesetzt.

Doch wie ist es überhaupt um unsere Natur bestellt? Da

dies ein Buch über Wildkräuter ist, fokussieren wir uns hauptsächlich auf die Pflanzenwelt, auch wenn diese eng mit den anderen Reichen der Lebewesen verknüpft ist.

FFH
Fauna-**F**lora-**H**abitat-Richtlinie ist eine Naturschutzrichtlinie der Europäischen Union. Sie hat zum Ziel, wild lebende Arten, deren Lebensräume und die (europaweite) Vernetzung zu sichern und zu schützen.

Alle sechs Jahre wird vom Bundesministerium für Umwelt eine Bestandsaufnahme veröffentlicht, im Jahr 2020 fiel der Bericht über *Die Lage der Natur in Deutschland* nicht besonders positiv aus und reihte sich somit ein in die besorgniserregende Entwicklung der globalen Artenvielfalt. Die Autoren kamen zu dem Schluss, dass 63 Prozent der FFH-Arten und 69 Prozent der FFH-Lebensraumtypen einen ungünstig bis unzureichenden oder schlechten Erhaltungszustand aufweisen würden. Besonders betroffen seien das Grünland, Binnengewässer, Feuchtgebiete sowie Meere und Küsten.

Auch im Rahmen des Vorhabens »Biodiversitätstrends in Deutschland« des Deutschen Zentrums für integrative Biodiversitätsforschung, dessen Ergebnisse im Dezember 2020 publiziert wurden, kamen zu alarmierenden Schlussfolgerungen: Bei mehr als 70 Prozent der über 2000 untersuchten Arten sind seit den Sechzigerjahren Rückgänge zu verzeichnen.

Dafür gibt es mehrere Gründe. Einer von ihnen hat uns vor allem in den letzten Sommern ordentlich zum Schwitzen gebracht: Der menschengemachte Klimawandel wird nur von einer überschaubaren Gruppe von Personen geleugnet, auch wenn ihre Stimmen sehr laut sind, sodass der

Eindruck entstanden ist, es wären viele. Die globale Erderwärmung hat auf den ersten Blick positive Auswirkungen auf unsere heimische Pflanzenwelt – mildere und kürzere Winter schaffen eine längere Vegetationszeit und kühle Lagen können zunehmend von einer breiteren Masse an Pflanzenarten besiedelt werden. Zudem fühlen sich immer mehr Neopyhten bei uns wohler, man könnte also annehmen, unsere Flora wird bunter und vielfältiger. Sieht man jedoch genauer hin, führt der Klimawandel zu einer Reduzierung der Artenvielfalt. So verschwinden Sonderstandorte wie Moore oder Salzwiesen, an denen Arten leben, die nur dort existieren können. Das könnte nicht nur zur Folge haben, dass viele Arten aussterben werden, es könnte ebenso zu einer »vereinheitlichten« Pflanzenwelt führen – großflächig hätte man einen floralen Einheitsbrei, vornehmlich aus wärmeliebenden Arten. Diese Entwicklung würde sich noch verstärken, wenn sich konkurrenzstarke Neophyten weiterhin ausbreiten und seltene heimische Arten verdrängen.

Ein weiterer Grund für die Negativbilanz ist die zunehmende Zerschneidung der Lebensräume durch Straßen, Siedlungen und Bebauungen. Vor allem die Tierwelt ist davon stark betroffen, doch auch Pflanzen leiden darunter.

Der größte und vermutlich wichtigste Faktor ist und bleibt jedoch die Landwirtschaft. Hierbei führen hohe Nährstoffeinträge durch eine exzessive Düngung über die Luft (atmosphärischer Stickstoffeintrag) zu einem Nährstoffüberschuss der Böden, was sich in einer artenarmen Flora bemerkbar macht. Die standardmäßige und fast flächendeckende Verwendung von Pestiziden bedingt Agrarwüsten, in denen nur die Nutzpflanzen überleben können. Zu allem Übel belasten Dünger und Pestizide zudem die Gewässer und haben dadurch einen noch größeren Wirkungsbereich.

Landwirtschaft per se ist kein Grund für eine artenarme Flora, ganz im Gegenteil. Extensive Landwirtschaft kann einen enormen Artenreichtum schaffen, der unter natürlichen Umständen und ohne das Zutun des Menschen nicht möglich wäre. Die Nutzungsänderungen landwirtschaftlicher Flächen und Wälder und das Aufgeben traditioneller Nutzungsformen wie Beweidung oder kleinflächigem Feldbau hin zu einer Industrialisierung der Landwirtschaft führen jedoch zu einem sehr großen Artenverlust. Ganz besonders betroffen sind Arten, die natürlicherweise an »offenen« Standorten vorkommen. Die massive Entnahme von Grundwasser und das Anzapfen von Feuchtgebieten zum Zwecke der Bewässerung verstärken die Probleme, die durch den Klimawandel ohnehin das Überleben vieler Arten erschweren.

Doch den Bauern die Schuld in die Schuhe zu schieben, ist zu einfach gedacht. Jan Hanisch, Ökoagrarmanager und Naturschützer, kennt beide Seiten und sagte mir dazu: »In der Naturschutzberatung auf den Betrieben erlebe ich immer wieder, auch auf konventionellen Betrieben, dass eine große Bereitschaft da ist, Maßnahmen für die Biodiversität auf den Agrarflächen umzusetzen. Oft ist dafür aber leider der finanzielle Handlungsspielraum zu klein, da viele Landwirte ständig um ihre finanzielle Existenz kämpfen müssen. Es braucht auf der einen Seite mehr staatliche Mittel für Förderprogramme, die Agrar- und Umweltmaßnahmen finanzieren, auf der anderen Seite Verbraucher, die sich aktiv für Lebensmittel mit höheren Umweltstandards entscheiden.«

Es liegt somit in den Händen der Verbraucher, etwas zu ändern. Nicht jeder kann es sich leisten, nur auf landwirtschaftliche Produkte ökologischer Herkunft zurückzugreifen, doch angesichts der Tatsache, dass laut Verbraucherzentrale 2020 jeder Deutsche im Jahr durchschnittlich 75 Kilogramm (!) Lebensmittel wegwirft, könnte man sich zum Teil vielleicht auf weniger und dafür ökologisch produzierte Produkte beschränken. Auch der Konsum tierischer Lebensmittel hat enormen Einfluss, denn die Ernährung der Tiere nimmt sehr große landwirtschaftliche Flächen in Anspruch. Für ein Großteil des Futtermittelanbaus werden dabei noch nicht einmal Flächen hierzulande genutzt. Vielmehr stammt das verwendete Sojaschrot vom Doppelkontinent Amerika, welcher ebenfalls mit einem Artenverlust zu kämpfen hat.

Doch nicht nur konventionelle landwirtschaftliche Flächen sind oft artenarm. Bereits in unserem direkten Lebensumfeld können wir das eine oder andere »Niemandsland der Lebewesen« entdecken, und zwar in dem einen oder anderen »Garten«. Ich bin mir immer noch nicht sicher, ob die zubetonierten, gekiesten oder anderweitig versiegelten Flächen zwischen Wohnhaus und Zaun eher den ästhetischen Ansprüchen der Bewohner geschuldet sind oder ob es praktische Gründe gibt, da diese scheinbar pflegeleichter sind. Wahrscheinlich ist es eine Mischung aus beidem. Doch auch der mit dem Mähroboter dauerhaft kurz gehaltene Rasen ist nicht gerade ein biologisches Paradies. Diese artenarmen Flächen tragen weiterhin zur Verarmung der

Pflanzen und Tierarten bei. Hier kann man also bereits im Kleinen etwas tun. Es muss ja nicht jeder seinen Garten »verwildern« lassen, es hilft bereits, seltener und nur bestimmte Rasenflächen zu mähen. Hier gilt es, den bösen Blicken der Nachbarn standzuhalten und sie vielleicht sogar über die positiven Folgen aufzuklären. Das ist nicht immer von Erfolg gekrönt, wie ich bereits feststellen musste. Ich habe das Gefühl, dass die Gärten auf dem Land und in den Kleinstädten in der Regel artenärmer sind als in den Metropolen. Ich glaube, das liegt daran, dass die Großstädter ihre Sehnsucht nach Natur in artenreicheren Gärten zu stillen versuchen und es unter ihnen in der Regel einen etwas größeren Anteil an Gartenbesitzern gibt, die (zumindest in einigen Punkten) einen nachhaltigeren Lebensstil verfolgen.

Doch nicht nur viele private Gärten verarmen. Wege, Straßen und Grünflächen vieler Dörfer und Kleinstädte werden so sauber gehalten, dass es mir regelmäßig kalt den Rücken hinunterläuft, wenn ich dort unterwegs bin. Immerhin entstehen mehr und mehr Aktionen, bei denen die Gemeinde von den Bewohnern aufgefordert wurde, Blühstreifen an manchen Stellen stehen zu lassen. Vielleicht kann man sich ja vor Ort einer Unterschriftensammlung anschließen oder ins Leben rufen. Ein weiteres Argument gibt es ja zudem noch: weniger Kosten für die Grünflächenpflege, die von der Gemeinde getragen werden muss.

Wichtig ist auch, keine nicht heimischen Tier- und Pflanzenarten in die Natur zu entlassen. Das geschieht schneller, als man denkt – bereits der Gartengrünschnitt kann Samen oder Rhizome enthalten. Kippt man diesen nun am Waldrand nahe der Kleingartensiedlung ab, hat man den Salat.

Das größte Potenzial in der Förderung zukünftiger Artenvielfalt liegt meiner Meinung nach bei den Menschen, die das Weltgeschehen mittelfristig am stärksten prägen werden: bei den Kindern. Nur wer die Natur und ihre atemberaubende Schönheit kennt, kann sie auch als schützenswert empfinden. Wer also Kinder jeden Alters (es müssen nicht die eigenen sein) mit nach draußen nimmt und die Begeisterung für unsere Pflanzen- und Tierwelt mit ihnen teilt, trägt langfristig sehr viel zur zukünftigen Biodiversität bei – mehr als man sich vielleicht vorstellen kann.

Register

Quellenangaben

Seite 36 Haub, Carl: »How Many People Have Ever Lived on Earth.« *Population Today*, 1995.

Seite 39 European Association for the Study of Obesity: *'Bitter brake' activates gut hormones and suppresses food intake.* Science daily, 2016.

Seite 42 Chrubasik, Sigrun: »Weissdorn-Extrakt bei Herzbeschwerden Experimentelle und klinische Untersuchungen.« *ARS MEDIC*, 2005.

Seite 42 Panche et al.: »Flavonoids: an overview.« *Journal of Nutritional Science*, 2016.

Seite 42 Schubert-Zsilavecz, Manfred; Wurglics, Mario: »Johanniskraut – von Inhaltsstoffen und anderen Unwägbarkeiten, Forschung Universität Frankfurt.« 2004.

Seite 43 Roth, Lutz: *Giftpflanzen Pflanzengifte.* 2012.

Seite 43 Watzl et al.: »4-wk intervention with high intake of carotenoid-rich vegetables and fruit reduces plasma C-reactive protein in healthy, non-smoking men.« *The American Journal of Clinical Nutrition, Volume 82*, 2005.

Seite 43 Fleischhauer, Guido: *Enzyklopädie der essbaren Wildpflanzen*, 2019.

Seite 44 Beier et al.: »Natural Pesticides and Bioactive Components in Foods.« *Reviews of Environmental Contamination and Toxicology*, 1990.

Seite 45 Hatt et al.: »Human olfactory receptors: novel cellular functions outside of the nose.« *Physiological Reviews*, 2018.

Seite 47 Das et al.: »Cancer modulation by glucosinolates: A review.« *Current Science Association*, 2000.

Seite 48 Man et al: »Chemical study and medical application of saponins as anti-cancer agents.« *Fitoterapia,* 2010.

Seite 53 Egner et al.: »Chlorophyllin intervention reduces aflatoxin – DNA adducts in individuals at high risk for liver cancer.« *Medical Sciences,* 2001.

Seite 78 Veit et al.: »Diurnal Changes in Flavonoids.« *Journal of Plant Physiology,* 1995.

Seite 79 Hopfinger et al.: »Diurnal Variation In The Essential Oils Of Valencia Orangeleaves.« *American Journal of Botany,* 1979.

Seite 79 Platenius, Hans: »Diurnal And Seasonal Changes In The Ascorbic Acid Content Of Some Vegetables.« *Plant Physiology,* 1945.

Seite 79 Rezaei et al.: »Diurnal Changes in Essential Oil Content of Coriander (Coriandrum sativum L.) Aerial Parts from Iran.« *Research Journal of Biological Sciences,* 2009.

Seite 91 Landesumweltamt Brandenburg: »Untersuchungen zum Schwermetallgehalt vom Boden und Vegetation auf ehemaligen Rieselfeldern.« *Fachbeiträge des Landesumweltamtes Heft Nr.107,* 2008.

Seite 94 Herrmanns-Clausen et al.: »Akzidentelle Vergiftungen mit Gartenpflanzen und Pflanzen in der freien Natur.« *Bundesgesundheitsblatt,* 2019.

Seite 96 ARD, 08/2020: https://www.daserste.de/information/wissen-kultur/w-wie-wissen/sendung/2008/wasservergiftung-102.htm

Seite 101 Murray et al.: »Colchicine.« *Clinical Toxicology,* 2001.

Seite 101 Pullella et al.: »A case of fatal aconitine poisoning by Monkshood ingestion.« *Journal of Forensic Sciences,* 2008.

Seite 108 Roulet et al: »Hepatic veno-occlusive disease in newborn infant of a woman drinking herbal tea.« *The Journal of Pediatrics,* 1987.

Seite 109 Stillmann et al.: »Hepatic Veno-Occlusive Disease Due to Pyrrolizidine (Senecio) Poisoning in Arizona.« *Gastroenterology,* 1977.

Seite 110 Wiedenfeld, Dr. Helmut: »Aufnahmewege von PA durch direkte und indirekte Intoxikation.«, undatiert.

Seite 113 Sachers, Jan: https://blog.histofakt.de/?p=962, 2020. (Letzter Zugriff am 10.10.2020)

Seite 116 Khorasani et al.: »A systematic review of the efficacy of alternative medicine in the treatment of nausea and vomiting of pregnancy.« *Obstet Gynaecol*, 2019.

Seite 117 Shinde et al.: »HERBS IN PREGNANCY AND LACTATION: A REVIEW APPRAISAL.« *IJPS*, 2012.

Seite 118 Ghorbani et al.: »Pharmacological properties of Salvia officinalis and its components.« *Journal of Traditional and Complementary Medicine*, 2017.

Seite 118 Govindaraj et al.: »Mass Propagation and Essential Oil Analysisof Artemisia vulgaris.« *Journal of Bioscience and Bioengineering*, 2007.

Seite 118 Lewin, Louis: *Die Fruchtabtreibung Durch Gifte und Andere Mittel: Ein Handbuch für Ärzte*, 1922.

Seite 119 Baack, Angelika: *Antikonzeptive und phytoöstrogene Wirkweisen bestimmter Gewürze, Heil- und Zierpflanzen sowie pflanzlicher Lebensmittel*, 2007.

Seite 120 Noonan et al.: »Oxalate Content of Foods and Its Effect on Humans.« *Asia Pacific journal of clinical nutrition*, 1999.

Seite 121 Holst et al.: »Raspberry leaf – Should it be recommended to pregnant women?« *Complementary Therapies in Clinical Practice*, 2009.

Seite 121 *https://ods.od.nih.gov*.05/2020, https://ods.od.nih.gov/factsheets/Valerian-HealthProfessional/#en36.

Seite 121 Roth, Lutz: *Giftpflanzen Pflanzengifte*. 2012.

Seite 122 di Pierro et al.: »Clinicalefficacy, safety and tolerability of BIO-C (micronized Silymarin) as a galactagogue.« *Acta biomedica*, 2008.

Seite 123 Ozalkaya et al.: »Effect of a galactagogue herbal tea on breast milk production and prolactin secretion by mothers of preterm babies.« *The Journal of Alternative and Complementary Medicine*, 2018.

Seite 123 Turkyilmaz et al.: »The effect of galactagogue herbal tea on breast milk production and short-term catch-up of birth weight in the first week of life.« *The Journal of Alternative and Complementary Medicine*, 2011.

Seite 124 Kirsch et al.: »Characterisation of the metabolites of 1,8-cineole transferred into human milk: Concentrations and ratio of enantiomers. Metabolites.« *Metabolites*, 2013.

Seite 124 Kirsch et al.: »Time-dependent aroma changes in breast milk after oral intake of a pharmacological preparation containing 1,8-cineole.« *Clinical nutrition (Edinburgh, Scotland)*, 2012.

Seite 124 *LactMed*. 05 2020. https://www.ncbi.nlm.nih.gov/books/NBK501830/.

Seite 124 Molteni et al.: »In Vitro Hormonal Effects of Soybean Isoflavones.« *The Journal of Nutrition*, 1995.

Seite 124 Whitten et al.: »Potential adverse effects of phytoestrogens.« *German medical science : GMS e-journal*, 1995.

Seite 125 *Zentralblatt für Gynäkologie*, »The galactogogue effect of Galega officinalis.«, 1961.

Seite 136 Bundesamt für Naturschutz: »Gebietsfremde Arten Positionspapier des Bundesamtes für Naturschutz«, 2005.

Seite 160 *NABU*, Oktober 2020. https://www.nabu.de/tiere-und-pflanzen/insekten-und-spinnen/info/22683.html.

Seite 184 Fleischhauer, Guido: *Enzyklopädie der essbaren Wildpflanzen*, 2019.

Seite 204 Nachtigall, Dr.Med. Detlef: *Ratgeber Naturheilmittel – Welche Wirkungen sind belegt?*, 2013.

Seite 208 Söhns, Franz: *Unsere Pflanzen* . Teubner, 1912.

Seite 214 Priscianus, Theodorus: *Euporista*. Valentin Rose, 1894.

Seite 214 Veckenstedt, Edmund: *Zeitschrift für Volkskunde Band 3*. Frankenstein & Wagner , 1891.

Seite 219 Sauerhoff, Friedhelm: *Etxmologisches Wörterbuch der Pflanzennamen*. Wissenschaftliche Verlagsgesellschaft mbh Stuttgart, 2003.

Seite 220 Söhns, Franz: *Unsere Pflanzen* . Teubner, 1912.
Seite 224 Genaust, Helmut: *Etymologisches Wörterbuch der botanischen Pflanzennamen,* 1996.
Seite 228 Hippokrates: *de morbis mulierum,* undatiert.
Seite 228 John, *Aberglaube: Sitte und Brauch im sächsischen Erzgebirge,* 1909.
Seite 228 Sauerhoff, Friedhelm: *Etxmologisches Wörterbuch der Pflanzennamen.* Wissenschaftliche Verlagsgesellschaft mbh Stuttgart, 2003.
Seite 229 Sass, Wolfgang: »Rheumatherapie: Brennessel-Extrakt hemmt Zytokine.« *Dtsch Arzteblatt,* 1999.
Seite 233 Sauerhoff, Friedhelm: *Etxmologisches Wörterbuch der Pflanzennamen.* Wissenschaftliche Verlagsgesellschaft mbh Stuttgart, 2003.
Seite 238 Schimmer, Oskar: »Die mutagene und cancerogene Potenz von Furocumarinen.« *Pharmazie in unserer Zeit. Band 10,* 1981.
Seite 239 Sauerhoff, Friedhelm: *Etxmologisches Wörterbuch der Pflanzennamen.* Wissenschaftliche Verlagsgesellschaft mbh Stuttgart, 2003.
Seite 243 Marzell, Heinrich: »Wörterbuch der deutschen Pflanzennamen.« 1937.
Seite 244 Oyebanja et al.: »Anti-inflammatory and analgesic effects of methanol extract of Stellaria media (L.).« *African Journal of Biomedicinal Research, Vol. 15,* 2012.
Seite 247 Mannhardt, Wilhelm: *Zeitschrift für deutsche Mythologie und Sittenkunde, Ausgabe III,* 1855.
Seite 248 Marzell, Heinrich: »Wörterbuch der deutschen Pflanzennamen.« 1937.
Seite 248 Vintler, Hans: »Pluemen der Tugent«, 1874.
Seite 249 Baumgarten, Armand: *Aus der volksmässigen Ueberlieferung der Heimat,* 1862.
Seite 249 Maiwald, Vincenz: *Innsbrucker Herbar,* 1748.
Seite 249 Sterzinger: *Bemühungen, den Aberglauben zu stürzen,* 1785.

Seite 25 *Verbraucherzentrale,* 08 2020. https://www.verbraucherzentrale.de/wissen/lebensmittel/nahrungsergaenzungsmittel/eisen-qualitaet-nicht-quantitaet-ist-die-frage-8026.

Seite 253 Boksch, Manfred: *Das praktische Buch der Heilpflanzen,* 2011.

Seite 253 Secundus, Gaius Plinius: *Naturalis historia,* 77 n. Chr.

Seite 254 Schönfelder: *Das neue Handbuch der Heilpflanzen, undatiert.*

Seite 258 Aufseß, Freiherr v.: *Anzeiger für Kunde des deutschen Mittelalters,* 1832.

Seite 258 Kluge: *Etymologisches Wörterbuch der deutschen Sprache,* 1967.

Seite 258 Marzell, Heinrich: *Unsere Heilpflanzen, ihre Geschichte und ihre Stellung in der Volkskunde,* 1938.

Seite 258 Zetlingensis, Praetorius: *Satyrus etymologicus,* 1672.

Seite 263 Kneipp: *Das große Kneippbuch,* 1935.

Seite 263 Lonitzer, Adam: *Kreuterbuch,* 1557.

Seite 269 Genaust, Helmut: *Etymologisches Wörterbuch der botanischen Pflanzennamen,* 1996.

Seite 269 Marzell, Heinrich: *Unsere Heilpflanzen, ihre Geschichte und ihre Stellung in der Volkskunde,* 1938.

Seite 275 Kluge: *Etymologisches Wörterbuch der deutschen Sprache,* 1967.

Seite 275 Mießner, Eckart: *Blumen in Wald und Flur,* 1969.

Seite 276 Boksch, Manfred: *Das praktische Buch der Heilpflanzen,* 2011.

Seite 276 Haenchen, Helmuth; Saure, Henning: *Blumen & Garten,* 1975.

Seite 276 Höfler, Max: *Volksmedizinische Botanik der Germanen,* VWB 1990.

Seite 276 Pahlow, Mannfried: *Das große Buch der Heilpflanzen.* 2018.

Seite 277 *Jahrbuch des Deutschen Gebirgsvereines für das Jeschken- und Isergebirge,* 1908.

Seite 279 Boksch, Manfred: *Das praktische Buch der Heilpflanzen*, 2011.

Seite 279 Pfeifer, Wolfgang: *Etymologisches Wörterbuch des Deutschen*, 1995.

Seite 279 Söhns, Franz: *Unsere Pflanzen* . Teubner, 1912.

Seite 281 Düll, Ruprecht: *Taschenlexikon der Pflanzen Deutschlands*, 2011.

Seite 281 Gebauer, Rosemarie: *Jungfer im Grünen*, 2015.

Seite 281 Strantz, Moritz: *Die Blumen. Sagen und Geschichten*, 1875.

Seite 283 Verzascha, Bernhard: *Neu Vollkommenes Kräuter-Buch: Von allerhand Gewächsen der Bäumen*, 1678.

Seite 287 Oberdorfer, Erich: *Pflanzensoziologische Exkursionsflora: Für Deutschland und angrenzende Gebiete*, 2001.

Seite 294 de Cock, Alfons: *Volksgeneeskunde in vlaanderen*, 1891.

Seite 294 Haenchen, Helmuth; Saure, Henning: *Blumen & Garten*, 1975.

Seite 294 Mießner, Eckart: *Blumen in Wald und Flur*, 1969.

Seite 294 Schubert: *Pflanzennamen und bot. Fachwörter*, 1975.

Seite 294 Söhns, Franz: *Unsere Pflanzen* . Teubner, 1912.

Seite 294 *Zeitschrift des Vereins für Volkskunde*, 1891.

Seite 295 Marzell, Heinrich: »Wörterbuch der deutschen Pflanzennamen.« 1937.

Seite 295 Roth, Lutz: *Giftpflanzen Pflanzengifte*. 2012.

Seite 298 Mießner, Eckart: *Blumen in Wald und Flur*, 1969.

Seite 299 Boksch, Manfred: *Das praktische Buch der Heilpflanzen*, 2011.

Seite 299 Pahlow, Mannfried: *Das große Buch der Heilpflanzen*. 2018.

Seite 299 Pereira et al.: »Antimicrobial activity of Arctium lappa constituents against microorganisms commonly found in endodontic infections.« *Brazilian Dental Journal*, 2005.

Seite 299 Yang et al.: »Arctigenin anti-tumor activity in bladder cancer T24 cell line through induction of cell-cycle arrest and apoptosis.« *The Anatomical Record*, 2012.

Seite 303 Genaust, Helmut: *Etymologisches Wörterbuch der botanischen Pflanzennamen*, 1996.

Seite 303 Kluge: *Etymologisches Wörterbuch der deutschen Sprache,* 1967.

Seite 303 Mannhardt, Wilhelm: *Wald und Feldkulte,* 1905.

Seite 303 Marzell, Heinrich: »Wörterbuch der deutschen Pflanzennamen.« 1937.

Seite 303 Marzell, Heinrich: *Unsere Heilpflanzen, ihre Geschichte und ihre Stellung in der Volkskunde,* 1938.

Seite 304 Bartsch, Karl: *Sagen, Märchen und Gebräuche aus Mecklenburg,* 1879.

Seite 308 Bundesministerium für Umwelt, Naturschutz und nukleare Sicherheit: »Die Lage der Natur in Deutschland. Ergebnisse von EU-Vogelschutz- und FFH-Bericht.«, 2020.

Seite 308 Eichenberg et al.: »Widespread decline in Central European plant diversity across six decades.« *Global Change Biology,* 2020.

Seite 309 Sommer et al.: »Projected impacts of climate change on regional capacities for global plant species richness.« *Royal society – biological sciences,* 2010.

Seite 311 *Verbraucherzentrale,* 08 2020. https://www.verbraucherzentrale.de/wissen/lebensmittel/auswaehlen-zubereiten-aufbewahren/lebensmittel-zwischen-wertschaetzung-und-verschwendung-6462.

Quellenverzeichnis Wildkräuter-Tabelle

Spinat:
Attalla et al.: »Oxalate Content Of Food: A Tangled Web.« *Urology*, 2014.

Borretsch, Senfrauke, Wegwarte, Weißer Gänsefuß:
Bianco et al.: »Nutritional Value And Nitrate Content In Edible Wild Species Used In Southern Italy V. V.«, 1996.

Hirtentäschelkraut:
Guzelsoy et al.: »Nutritional Properties of some Wild Edible Plant Species in Turkey.« *Anadolu*, 2017.

Aufsteigender Fuchsschwanz:
Holland et al.: »Vegetables, Herbs and Spices. The Fifth Supplement to McCance & Widdowson's The Composition of Foods.« *Royal Society of Chemistry*, 1991.
Leung et al., »Food composition table for use in Africa.«, 1991.

Borretsch, Gänsedistel, Kleiner Sauerampfer, Wegwarte, Wilde Malve:
Pinela et al.: »Wild edible plants: Nutritional and toxicological characteristics, retrieval strategies andimportance for today's society.« *Food and Chemical Toxicology*, 2017.

Weißer Gänsefuß:
Poonia et al.: »Chenopodium album Linn: review of nutritive va-

lue and biological properties.« *Journal of Food Science and Technology* 52, 2015.

Kopfsalat, Zwiebel:
Rubatzky et al.: »World Vegetables: Principles, Production, and Nutritive Values«, 2012.

Eingriffeliger Weißdorn:
Ruiz-Rodriguez et al.: »Wild blackthorn (Prunus spinosa L.) and hawthorn (Crataegus monogyna Jacq.) fruits as valuable sources of antioxidants.« *Fruits*, 2014.

Großer Sauerampfer, Kleiner Sauerampfer:
Samancioglu et al.: »Total phenolic and vitamin C content and antiradical activity evaluation of traditionally consumed wild edible vegetables from turkey.« *Asia pacific Journal of clinical Nutrition*, 2016

Rhabarber, Spinat:
Sienera et al.: »Oxalate contents of species of the Polygonaceae, Amaranthaceae and Chenopodiaceae families.«, 2005.

Gewöhnlicher Löwenzahn:
Sundiyal et al.: »Wild edible plants of the Sikkim Himalaya: Nutritive values of selected species.«, 2004.

Barbarakraut, Breitwegerich, Hirtentäschel, Kompass-Lattich, Vogelmiere, Weißer Gänsefuß:
Zennie et al., »Ascorbic Acid and Vitamin A Content of Edible Wild Plants of Ohio and Kentucky.«, 1977.

Brunnenkresse, Giersch, Kleiner Sauerampfer, Krauser Ampfer, Taubenkropf-Leimkraut, Wegwarte, Weißer Gänsefuß:
»Biodiversity for food and nutrition« http://www.b4fn.org/, undatiert. (Letzter Zugriff am 28.01.2021)

Apfel, Borretsch, Gartenmöhre, Gewöhnlicher Löwenzahn, Große Brennessel, Hundsrose, Kopfsalat, Spinat, Süßkirsche, Weißer Gänsefuß, Wegwarte, Zitrone, Zwiebel:
»Food data central« https://fdc.nal.usda.gov/, undatiert. (Letzter Zugriff am 28.01.2021)

Löwenzahn:
Li, Thomas: »Vegetables and Fruits Nutritional and Therapeutic Values«, 2008.

Bärlauch, Feldrose, Gewöhnlicher Löwenzahn, Große Brennnessel, Hängebirke, Mehlbeere, Krauser Ampfer, Purpurne Taubnessel, Rapunzel Glockenblume, Rot-Klee, Schlehe, Spitzwegerich, Waldsauerklee Wegwarte, Weidenröschen, Weißer Gänsefuß, Wilde Malve, Wilde Möhre:
Redzić, Sulejman: »Use of Wild and Semi-Wild Edible Plants inNutrition and Survival of People in 1430 Days of Siege of Sarajevo during the War in Bosniaand Herzegovina.« *Biodiversity for Food and Nutrition*, 1995.

Wald-Sauerklee:
Roth, Lutz: »Giftpflanzen, Pflanzengifte«, 2012.

Barbarakraut, Bärlauch, Breitwegerich, Brunnnenkresse, Chiccoree, Eberesche, Feldrose, Franzosenkraut, Gartenkresse, Gartenmöhre, Giersch, Große Brennnesel, Großer Sauerampfer, Gundermann, Guter Heinrich, Große Klette, Hundsrose, Kornelkirsche, Löwenzahn, Rhabarber, Sanddorn, Scharbockskraut, Schwarzwurzel, Schwarzer Holunder, Senfrauke, Spitzwegerich, Vogelmiere, Wilde Malve, Wiesen-Schafgarbe, Weiße Taubnessel, Wiesen-Bocksbart, Wiesenknöterich:
Souci, Fachmann, Kraut: »Die Zusammensetzung der Lebensmittel« *Nährwert-Tabellen*, 2016.

Abbildungsverzeichnis

Abb. 2: Benjamin Zibner; Abb. 10: Martin Grimm/Adobe Stock; Abb. 11: Universitätsklinikum Ulm, Zentrum für Innere Medizin; Abb. 15: Marek Durajczyk/Adobe Stock; Abb. 19: VectorMine/Adobe Stock; Abb. 21: JM Fotografie/Adobe Stock; Abb. 25: yingyaipumi/Adobe Stock; Abb. 26: evbrbe/Adobe Stock; Abb. 30: unpict/Adobe Stock; Abb. 31: slawek_zelasko/Adobe Stock; Abb. 32: Fotoschlick /Adobe Stock; Abb. 33: Boris Bulychev/Adobe Stock; Abb. 34: STUDIO12 /Adobe Stock; Abb. 35: unpict/Adobe Stock; Abb. 38: Sandra Rachinger; Abb. 39: vecton/Adobe Stock; Abb. 40: michel26/istockphoto; Abb. 41: Karin Jähne /Adobe Stock; Abb. 42: Heiko Koehrer-Wagner/Adobe Stock; Abb. 43: Xavier/Adobe Stock; Abb. 44: Carola Schubbel/Adobe Stock; Abb. 45: texturis/Adobe Stock; S. 164–166: Ähre: margo555/Adobe Stock; Kolben: Tamara Kulikova/Adobe Stock; Traube: hopfi23/Adobe Stock; Rispe: azure/Adobe Stock; Wickel: Ruckszio/Adobe Stock; Dolde: Bluu/Adobe Stock; Abb. 46–48: Sandra Rachinger; Abb. 50: Alec/Adobe Stock; Abb. 51: Katherine Bennett uk/Shutterstock; Abb. 69: Laney Glenfoy/Adobe Stock; Abb. 71: Joachim/Adobe Stock; Abb. 81: Pixiversal/Adobe Stock; Abb. 86: Heike Rau/Adobe Stock; Abb. 95: Reinhold Einsiedler/Adobe Stock; Abb. 96: M. Schuppich/Adobe Stock; Abb. 97: Jakob Winter; Abb. 98: Roman/Adobe Stock; Abb. 100: stadelpeter/Adobe Stock; Abb. 101: pusteflower9024/Adobe Stock; restliche Abbildungen: Waldsamkeit